日式食堂的餐桌美食

葉信宏 著

認識日本料理

日本料理是用五感來品嘗的料理，包括：眼—視覺的品嘗、鼻—嗅覺的品嘗、耳—聽覺的品嘗、觸—觸覺的品嘗、舌—味覺的品嘗。能嘗到什麼味道呢？首先是五味。五味甜、酸、苦、辣、鹹與中華料理是相同的，並且料理還需具備五色：黑、白、赤、黃、青齊全，之後，當然也需考慮營養均衡。

日本料理由五種基本的調理法構成，即是切、煮、烤、蒸、炸。製作日本料理基本上是運用這五種基本調理法，不像中國料理那樣複雜，日本料理的烹飪法是較單純的。在五味之外，日本料理還有第六種味道－淡。淡是要求把原材料的原味充分地牽引出來。總之，日本料理是把季節感濃郁的素材善用五味六味、五色、五烹調法為基礎，用五感來品嘗的料理。

日本料理的特徵之一，是調味料絕不可少，選材用心，才能充分牽引出原材料的原汁原味，正因為牽引出淡味，整體味道才不會遜色或俗不可耐。

出汁的重要

要使料理有淡味，出汁、湯底是十分重要的，水、醬油、味醂等調味料至關重要。從調味料來談日本料理的特徵，所謂出汁，是從鰹魚乾及曬乾的海帶中提取製作而成的，鰹魚乾是將鰹魚用特殊方法乾燥而成的，在日本，有專門的公司會製作、提供成品鰹魚乾，並且，根據鰹魚乾的部位不同，做出的出汁味道不同，用途也不一樣。

也有用青花魚做的、用曬乾的海藻、海帶製作成的出汁。製作日本料理，出汁所用的海帶必須嚴格區分海帶的品種，講究是否是兩年藻？是否在夏天收割？是否當天收割即曬乾而成？對於曬乾後的加工方法又有嚴格的規定等，絕非容易、隨便的事。

鰹魚乾與海帶的組合，關係到會製作出怎樣的出汁，而出汁的味道又關係到料理的味道。另外，還有用沙丁魚、飛魚、干貝、蝦、魚骨等製成的出汁。總歸來說，出汁味道雖然微淡，但它必須充分體現原材料的精華，色澤透明方為上品。

善用調味料

調味料的使用，追求的是「味」，不僅賦予料理以自然的甜味，還在使料理產生光澤，對原材料的精華美味進行濃縮、穩定的烹飪功效，收汁後，滋味達到定型。調味料中，最重要的是醬油，分成淡口醬油、濃口醬油、白醬油等等，依據用途不同，使用不同的品種。

味噌更有多得數不清的品種，依據原料不同，分為米味噌、麥味噌、豆味噌等等。據說是從中國傳到日本，如今卻比中餐使用得更多，是日常生活中必不可少的調味料。

醋也是很日常的調味料，據說原先也是從中國傳來的，但同樣是發酵而成調味料，中國和日本的用法已經有異，演變到現在，日本醋與中國醋的味道大有不同，強調的是把材料原味的淡味更充分地牽引出來。做壽司時不能用中國醋，而日本醋也不能用於小籠包。

色香味俱全，是料理的最美好展現，讓食用的人感受到無比的滿足，也使製作者獲得反饋，體會到無可取代的成就感。認識了美食，進而享受美食，甚至製作出道地的、令人回味的美食，正是本書介紹 75 道不同面貌日本料理的用意所在。

盡其在我，祝您樂在日本料理的美食境界，用餐愉快！

作者 葉信宏

輕鬆烹調幸福味

自民國72年葉振興師傅在台中市公益路創設「福野日本料理餐廳」，迄今已30年，見證了日本料理在台灣餐飲界演進的珍貴軌跡，葉振興有子葉信宏承衣缽，也在本書裡呈現了75道家庭化、平易近人風格的日式料理面貌。

來自彰化和美農家的葉振興，年輕時因家貧而難以升學，於是到當年台中市最豪華的「醉月樓」酒家，跟著擔任廚師的舅舅葉萬頂當學徒，後來歷練過粵菜、西餐，決定專攻日本料理。服完兵役、再工作兩年後，到日本學日語，一舉考得河豚調理師執照，是台灣第一位有證照的主廚。返國後，葉振興先是與人合夥開日本料理餐廳，幾年後，他看準潮流，轉而獨資開設彷宮殿式建築的福野日本料理餐廳，饕客趨之若鶩。

簡化做法易上手

葉信宏承繼父業，巧手順應時代飲食新風潮，推出低油、低糖、低熱量的健康美饌，在創意更迭方面，除了堅守符合人文歷史原樣貌的道地日本料理菜色，也時時加進融合了台灣本地食材和口味的新菜色，以及引進跨國界的素材、裝飾、餐具，運用、創造出美味且年輕化的山珍海味。

沿襲傳統製作的日本料理，工序相當繁複，有些材料或吃法也漸漸不被新世代消費者接受，本書的75道食譜，選擇了民眾在日本料理餐廳常可吃得到的菜色，提供給新手、家庭主婦以及對日本料理烹調有興趣的人士，做為下廚、學藝、開店創業的工具書。本書在設計上依循道地日本料理的精神，但在做法上稍加予以改良、簡化，讓大家容易上手，能夠輕鬆享受到照做上菜的口福，以及無可替代的成就感、幸福感。

有些菜色十分正統、原汁原味，例如金平牛蒡、京都茄田樂燒、納豆蓋飯、鮭魚軍艦壽司；有些菜格外漂亮動人，例如小缽三味組合、雪裡含梅、櫻桃鴨、枸杞百果娃娃菜；有些菜盛裝出列，可用於宴客，例如鯛魚薄片佐蛋黃醋、杏片明蝦揚、牛肉朴葉燒、磯煮鮑魚；有些菜清爽而健康，是銀髮族和追求養生者青睞的，例如圓鱈鹽燒、山藥牛奶蒸、柴魚湯豆腐、松茸薑絲湯。

有些菜自煮自吃很方便，迅速滿足口腹之欲，例如牛肉涮涮鍋、鍋燒烏龍麵、親子鮭魚蒸飯、親子丼；有些菜老少咸宜，是闔家歡聚時的良伴，例如牛肉壽喜燒、鯛魚豆漿鍋、日式蕎麥涼麵、鐵炮壽司；有些菜很討小朋友歡喜，例如蛋包飯、明蝦鮮蔬手捲、安格斯酪梨捲、豬排丼飯；有些極簡料理、5分鐘就能上桌享用，例如香酥牛蒡海苔捲、蓴菜水果醋、日式霜燒牛肉、鮭魚鬆茶泡飯；有些特別富含日式風味，也可當作節慶佳餚，例如龍膽石斑相撲火鍋、明蝦化妝燒、香魚南蠻漬、明太子山藥麵線，有些香氣格外引人垂涎三尺，例如野菜天婦羅、明蝦酒蒸、煮魚下巴、酥炸豬排；有些融入日式以外的美食風情，值得嘗新，例如海鮮味噌乳酪鍋、鮮蝦丸南瓜煮、蘿蔓麵線帝王蟹，隨著本書食譜一道道試做，就擁有了融會貫通的紮實知識和技法，必將練就技藝在身，能夠舉一反三，觸類旁通，展開豐富、精進的日本料理手藝新頁。

開卷有益，讓生活充滿美食的情趣，現在，就請從好吃又好看的日本料理來著手！

林麗娟

日式食堂・料理輕鬆做

contents

日式餐桌好幫手
常用食材

燒海苔

一般稱為海苔片，捲壽司時，要注意力道，不可用力擠壓，以免造成壽司飯太過緊繃而口感不佳，動作要快，以免手上溫度讓海苔變軟，影響食材的鮮美清爽。

浦島香鬆

日本進口，有鰹魚、蝦卵、海苔芝麻等口味，可撒在茶泡飯、蕎麥涼麵、冷盤小缽上，增添風味，此外，也可把香鬆和白飯拌勻塑型，握成三角飯糰來食用。

瓶裝蓴菜

用於日本料理的蓴菜，有時也被寫為蒓菜，是食用蓴菜的莖、嫩葉，富有膠質，做湯煮食，柔滑可口，可在較大的生鮮超市或購物商場裡買到瓶裝品。

白山藥

含多種礦物質，日本人偏愛，常用來切細後生食，或蒸煮食用，腸胃消化力較弱的人宜熟食，以防脹氣。

香菇

可做昆布香菇佃煮或煮雞肉、烤香菇串，日本也有香菇醬油，為菜色增添風味，選購時宜選當季採收曬乾，有自然香氣的完整新鮮品。

七味粉

七味辣椒粉又稱為七味唐辛子，各家廠商使用的材料不盡相同，味道也略有異，微辣、香氣重，可用於炒烏龍麵、拉麵、炸豆腐等調味。

山葵

在日本家庭、日本料理餐廳裡，要製作哇沙米都是研磨生鮮山葵泥而成的，磨好現吃，辣味鮮香最宜，可搭配生魚片、握壽司、日式豆腐、蕎麥涼麵一起食用。

越光米

來自日本新潟，Q潤飽滿，是製作壽司飯等米食的上品，未用完的壽司醋飯可放置陰涼處，用乾淨的溼布或紗布、毛巾覆蓋，保存溼度，不宜放進冰箱。

米醋

酸味柔和，常用來製作壽司飯，有殺菌作用，夏天將醋拌入飯裡，可防止米飯腐敗；此外，也可將牛蒡、蓮藕等易氧化的蔬菜泡入醋水中，保持潔白。

牛蒡

牛蒡營養豐富，由於含鐵量高，去皮之後容易氧化變色，所以輕輕削去薄皮後，可放進冰水裡保持鮮脆、防止變黑，另外也可用牛蒡煮湯。

青蔥

多吃青蔥可攝取豐富維生素，青蔥用煮的容易味苦，因此日本料理中常以煎、炸、烤來激發蔥的香甜味，而在味噌湯裡，蔥花更是不可或缺的。

昆布

昆布與柴魚是日本料理高湯的主要精髓，一鍋清鮮甘甜的日式昆布柴魚高湯，不僅能襯托素材的原味，也能調和料理的整體風味，宜用溼布稍擦拭表面鹽分後，剪段使用。

日式淡口醬油

日本料理中最常見的醬油是濃口醬油和淡口醬油，濃口醬油可用於生魚片等沾醬，淡口通常用在高湯調味或烹飪鍋物時，份量容易漸進控制，並散發食物香氣。

料理用純金箔粉

日本人製作高級料理時，喜歡以金箔裝飾壽司或小缽，可食用的純金箔也有礦物營養成分，並可養顏，而日本人還會使用金箔酒。

味醂

味醂又稱米霖，是由甜糯米加麴釀造而成，屬於料理酒的一種，所含的甘甜及酒味，能有效去除食物的腥味，適用於高湯、照燒類料理等。

柴魚片

柴魚在日本稱為「鰹節」，取材自鯖科魚類如鯖魚、鰹魚、鮪魚等，其中以鰹魚所製作出來的柴魚最甘甜味美，是最為大眾熟知的料理調味品。

日式麵線

又稱素麵，是日本的一種細麵，比中式麵線稍微粗一點，本身沒有鹹味，但價格較貴，如果買不到新鮮成品，可買冷凍品來用。

綠茶茶葉

日本人常喝的茶是綠茶，又稱抹茶，可做茶泡飯，而綠茶粉也能用來製作日式飲料或日式口味的甜點，口感清香。

黑芝麻

黑芝麻富含維他命 E，用在日本料理上，是涼拌小菜裝飾和製作和風醬料的材料，也可以搭配生魚片、壽司、手捲和香鬆調味料使用。

海帶、海菜

用來煮湯和做為火鍋料，可使湯頭味道更鮮美可口，可適度浸泡沖洗後，和其他食材搭配烹煮，但注意勿浸泡過久以防失去原有的甜味。

珍珠菇

常見於比較道地的日本料理筵席中，可放在煮物或吸你湯汁的菜色中，富有滑順的迷你菇口感，也很適合炒食、涼拌。

味噌

味噌是日本料理中最傳統的食材，運用在不同料理上，常見料理有味噌湯、鮭魚味噌鍋以及利用味噌醬料來塗抹燒烤食物等。

白芝麻

日本人常常會在料理完後，撒上少許白芝麻來增添香味，尤其可製作白芝麻豆腐、撒在牛肉朴葉燒上，而烤熟的白芝麻更是金平牛蒡不可或缺的好料。

魚板

日本料理的代表食物之一，可放入鍋物、麵食內，在日本各地都可品嘗到新鮮好吃的魚板，有圖案的魚板比純白色的魚板費工，通常以魚漿製造機製成。

柳松菇

又稱柳松茸、松茸，是日本料理中經常用到的菇類，外型精緻，吃起來滑溜帶點脆感，很受歡迎，可直接烤柳松茸來吃，會散發濃郁香氣。

納豆

納豆含多種營養，有益健康，應注意選購非基改黃豆的產品，傳統食用方式是先將納豆加上醬油或日式芥末，攪拌至絲狀物出現，置於白飯上食用，即為納豆飯。

日本清酒

又稱純米吟釀，酒精濃度平均在15%左右，可溫飲、冰飲，清酒還可應用在料理上，如塗抹魚身或用作高湯、醬料，有助除去魚類的腥臭味。

白蘿蔔

可用來醃漬或切絲，搭配煮物或生魚片等生鮮冷盤，有去腥、殺菌、提味的功效，注意，當切成細絲狀後，應先泡在冰水裡，才能保持鮮脆。

日式餐桌好幫手
常用工具

切生魚片尖刀

細長、鋒利且具彈性的專業切刀，最適合處理生魚片食材，尤其是去骨、片肉的專業動作，對於堅韌且粗糙的魚皮，須以小尖刀從背鰭刺入，對於保鮮特別良好的魚肉，則稍斜切就可輕鬆切出生魚片。

竹簾

捲壽司專用的竹簾，可在餐具用品店內買到，方形、捲起來很柔軟的竹簾，不大張，很適合鋪上醋飯、配料後，來捲壽司，注意一口氣紮緊捲得滾圓，才不會散掉，使用完畢應清洗乾淨、自然風乾，以防發黴。

有柄煮鍋

以不鏽鋼材質為佳，可直接放到瓦斯爐、電磁爐上，適用於油炸、煮麵、煮醬汁，手握防燙，安全方便，導熱迅速且均勻，節省烹調時間。

手捲架

有三孔、五孔等造型，新鮮現做好的手捲，包捲的海苔是乾乾脆脆的，直接插入圓孔，方便取用，宜儘快享用以免變軟、下垂而影響口感、觀感。

Lesson 1

生魚片＆壽司

就是要新鮮！

綜合生魚片

鯛魚薄片佐蛋黃醬

澳洲大生蠔佐五味醬

鮭魚卵軍艦壽司

加州壽司捲

四喜握壽司

鐵炮壽司

鮭魚起士炙燒壽司

基本廚藝教室 關於壽司

壽司可說是日本料理的代表性食物，除了一般常見的捲壽司、握壽司、散壽司外，你可知道還有四角形的尼吉利壽司？另外，壽司可不是日本人發明的，在後漢時期，中國就開始流傳「壽司」這種食物了呢！

壽司的種類

日本料理講究吃出生鮮美味，壽司（SUSHI）是其中代表。壽司以米飯、米醋以及生魚、生蝦、海膽、魚子等海鮮為材料，在蒸好的米飯中適當加入米醋，拌勻後用手捏成長形小飯糰，再將準備好的海鮮料放在米飯上，在米飯和海鮮中間點上一抹生芥末即可。

壽司有兩種製作方式，一種是發源於大阪的關西方式 — 上方風，甜味很強；另一種是發源於東京的江號前風，又稱關東方式。可以一口吃下生魚飯，在緊接著吃多種壽司的間隔可以吃一塊醋薑，回復口腔裡的清爽感。建議先從清淡的生魚開始一路吃到煮熟的魚，之後再吃味道強烈一點的。

尼吉利壽司是用手把飯做成四角形，上面抹上芥末，再擺上一片生魚片；瑪其壽司像是韓國的紫菜包飯，一般家庭常做；吾吸壽司又稱 Hako-Sushi，在木箱子裡面放上壽司，為關西地方的特色；Inari-Sushi 和韓國的油豆腐醋飯一樣，把蓬萊米壽司飯包在油豆腐裡，關西是三角形的，關東則是四角形的；Hukusa-Sushi 是蛋皮壽司，把蛋煎成薄薄的一片，裡面放著蓬萊米壽司飯和材料後包起來。

飯類料理有要訣，要把米飯煮得又香又鬆、晶瑩飽滿，注意應迅速沖洗，把殘留的米糠流掉，再用手掌慢慢搓洗，重複搓洗 2、3 次，瀝乾水分，水的份量一般比米增多一至二成左右。

壽司的由來

發音上又稱為四喜飯的壽司（SUSHI），原意是指酸醃漬成的食物，是最具代表性的日本美食，可以吃飽，也可以吃巧，老少哈日族都愛。

在西元 200 年的後漢時期，中國就開始流傳「壽司」這種食物了，辭典中的解釋是以鹽、醋、米及魚醃製成的食品，宋朝年間中國戰亂頻仍，壽司頓成避難的充饑食品，菜蔬、魚類、肉類、貝類，有料即可取材。

西元 700 年日本奈良時代，海外經商的日本人把壽司排盛在木箱子內做為客旅的食糧，因而引入日本，1000 年後的江戶年間，壽司普及為民生食品，稱為「握鮨」。「手捲」算

捲壽司

材料
壽司飯 1 碗、蘿蔔乾絲（或乾瓠）、香菇絲、煎蛋絲、蟹肉棒、小黃瓜絲各適量
海苔片 (紫菜)1 張

做法

1 在一碟冷開水中滴點白醋，要捏握壽司的右手沾點醋水，使米飯不會沾黏在手上。

2 在竹簾上舖好海苔片，再舖飯，壓平。

3 切下長條蛋皮，切小黃瓜長條，排到做法 2 飯上，並放好肉鬆，然後擺上蟹肉棒、蘿蔔乾絲及香菇絲，可再依個人喜歡的口味加上魚鬆或魚板、蝦肉，捲起來，壓緊，注意兩端平面齊整。

4 刀尖先沾醋汁水，往上舉，讓醋水沿著刀鋒邊緣流下，這樣切壽司時的切口才會既平整好看又不沾黏飯粒。

5 切段，吃的時候可沾芥末醬享用。

主廚小訣竅

❶ 乾瓠絲先水洗後再泡水，接著用醬油、米酒、糖適量浸滷 2 小時入味，是非常傳統道地的吃法。

❷ 捲壽司的材料可自行組合，儘量選用不同顏色的食材搭配，較為出色。

綜合生魚片

材料 鮭魚片 30 公克、鯛魚片 30 公克
紅魽肚 20 公克、牡丹蝦 1 隻
蘿蔔絲少許、檸檬薄片 3 片

調味 生鮮山葵（芥末，俗
稱哇沙米）少許

做法

1. 牡丹蝦去殼、洗淨；三種魚片切片備用。
2. 將蝦子浸泡在加了檸檬薄片的冰水中約 3 分鐘，盛盤。
3. 裝飾以蘿蔔絲，並擺上磨細的新鮮芥末。
4. 淡味醬油加芥末，供食用時沾用，連同蘿蔔絲一起食用。
5. 如要讓整盒生魚片更豐富，可加上海膽、鮭魚卵等。

主廚小訣竅

❶ 家庭製作生魚片綜合冷盤，可至生鮮大賣場現購處理好的魚片，注意保鮮和儘速趁鮮食用，比較方便、經濟。

❷ 如果買不到新鮮的山葵，也可購買山葵醬替代。

❸ 並可加紫蘇葉一起食用，有理氣、調味的作用，風味更佳。

鯛魚薄片佐蛋黃醬

材料 鯛魚肉塊 300 公克、蛋黃 1 個、巴西里碎少許、小黃瓜 1 條

調味 糯米醋適量、味酥適量

做法

1. 鯛魚塊切成薄片，放在盤上。
2. 小黃瓜洗淨，切成半圓薄片，鋪在鯛魚片的外圍做為裝飾。
3. 將蛋黃、調味料放入打蛋盆或小碗中，充分攪勻後淋在做法 2 魚片上。
4. 撒上巴西里碎裝飾。

主廚小訣竅

❶ 這道生魚片冷盤注重美感，把鯛魚片排得像盛開的花朵一般，加上蛋黃汁液的金黃色襯托，能讓人有豪華的感受，促進食欲。

❷ 如果不喜歡加蛋黃液，也可略加淡口醬油享用。

澳洲大生蠔佐五味醬

材料 生蠔 4 個、紫色廣東生菜數片
檸檬 1 粒、蔥花少許

調味 五味醬適量

做法

1. 檸檬對切成 6 片，備用。

2. 剝開生蠔殼，呈對半狀，取出生蠔肉，用冰水及檸檬薄片浸泡約 10 分鐘，取出拭乾水分；殼洗淨後留用。

3. 紫色廣東生菜墊入半個的生蠔殼底部內，再將生蠔填入，加入蔥花裝飾。

4. 把五味醬放入小碟盤內，以供沾食。

5. 也可另外準備蘿蔔絲墊底，或增加紫蘇葉、檸檬片做為裝飾，顯得更可口。

主廚小訣竅

❶ 選用生蠔，最重要的是新鮮度，如果剝開時發現生蠔水水的，則代表不新鮮。

❷ 食用時，可將檸檬汁擠在生蠔上，去腥提味。

❸ 也可加魚子醬點綴、食用，更加美味、有質感。上等魚子醬、五味醬均可在食材行買到。

鮭魚卵軍艦壽司

材料

鮭魚卵 50 公克、壽司飯 1 碗（20 公克）
海苔 1 張（剪成約 5 公分長條）、小黃瓜 1 條

做法

1. 小黃瓜洗淨，去蒂頭，燙熟後切片，備用。
2. 海苔 1 張稍烤過，切成 8 小片。
3. 壽司飯握成小飯糰狀，用海苔片包捲。
4. 上面填上鮭魚卵，以小黃瓜片裝飾即可。

**主廚
小訣竅**

❶ 軍艦壽司是因外形像早期的軍艦而得名，家庭食用可做成小型的，份量少，小朋友吃得完，也較討人喜愛。

❷ 鮭魚卵可買罐裝的，或在魚市場也可買得到。

❸ 海苔片稍烤過，可避免迅速軟化掉。

加州壽司捲

材料

壽司飯 1 碗（20 公克）、小黃瓜 1 條、紅色蝦卵少許
蟹肉棒 4 條、煙燻雞肉絲適量、鮪魚醬少許、沙拉醬適量
海苔 1 張

做法

1. 竹簾鋪底，再鋪上海苔片 1 張。
2. 依序鋪上壽司飯、蝦卵後，再於蝦卵上面鋪上保鮮膜。
3. 將整片反轉，使保鮮膜置於竹簾底部。
4. 再將其他食材依序鋪在海苔片上。
5. 捲起，切段即可，可佐沾沙拉醬食用。

**主廚
小訣竅**

❶ 切壽司時，刀尖沾醋汁水，往上舉，讓醋水沿著刀鋒邊緣流下，這樣切壽司時的切口才會平整好看，又不沾黏飯粒。

❷ 沙拉醬可買零脂肪產品，吃起來更健康。

❸ 也可加紫蘇葉、若芽（海帶芽）、小黃瓜片裝飾。

❹ 如果有時想換料、換口味，可視個人喜愛改捲紅蘿蔔、蘆筍、明蝦、酪梨、蘿蔓生菜、蝦卵等。

生魚片＆壽司 就是要新鮮！

（材料）

甜蝦佐魚子醬壽司：
甜蝦 1 尾、魚子醬少許、壽司飯糰 1 小團

比目魚佐鮭魚卵壽司：
比目魚鰭邊肉 1 片、鮭魚卵少許、壽司飯糰 1 小團、青蔥絲少許

鮪魚佐紫蘇葉壽司：
鮪魚 1 片、紫蘇葉 1 片、壽司飯糰 1 小團

烏賊佐明太子壽司：
透抽（烏賊）1 片、明太子少許、秋葵 1 小片、壽司飯糰 1 小團
壽司用嫩薑少許

24

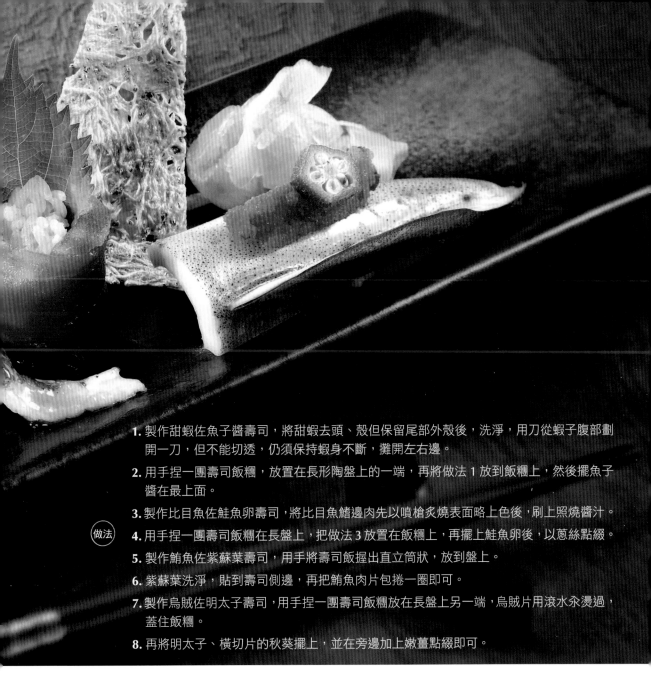

做法

1. 製作甜蝦佐魚子醬壽司，將甜蝦去頭、殼但保留尾部外殼後，洗淨，用刀從蝦子腹部劃開一刀，但不能切透，仍須保持蝦身不斷，攤開左右邊。

2. 用手捏一團壽司飯糰，放置在長形陶盤上的一端，再將做法 1 放到飯糰上，然後擺魚子醬在最上面。

3. 製作比目魚佐鮭魚卵壽司，將比目魚鰭邊肉先以噴槍炙燒表面略上色後，刷上照燒醬汁。

4. 用手捏一團壽司飯糰在長盤上，把做法 3 放置在飯糰上，再擺上鮭魚卵後，以蔥絲點綴。

5. 製作鮪魚佐紫蘇葉壽司，用手將壽司飯握出直立筒狀，放到盤上。

6. 紫蘇葉洗淨，貼到壽司側邊，再把鮪魚肉片包捲一圈即可。

7. 製作烏賊佐明太子壽司，用手捏一團壽司飯糰放在長盤上另一端，烏賊片用滾水汆燙過，蓋住飯糰。

8. 再將明太子、橫切片的秋葵擺上，並在旁邊加上嫩薑點綴即可。

主廚小訣竅

❶ 上菜時，也可依個人喜好搭配芥末少許、醬油 1 碟，以供沾用。

❷ 在做法 3 中，如無噴槍，也可把魚肉靠近炭火或烤箱內易受熱的面向稍烤略焦，但宜隨時注意火候，以免過焦過苦而毀了美味。

❸ 這道綜合壽司盤，名為四喜，是呈現四種不同的食材及滋味，可讓味蕾感受層次分明的喜悅。甜蝦的 Q 鮮搭配魚子醬的鹹美，肉質細膩的比目魚鰭邊肉搭配飽滿腴滑的鮭魚卵，略帶香烤味、肌理緊緻的鮪魚搭配清新的紫蘇葉，有嚼感的烏賊搭配透著辛辣味的明太子，都堪稱絕配，也是日本專業壽司餐檯的五星級菜色。

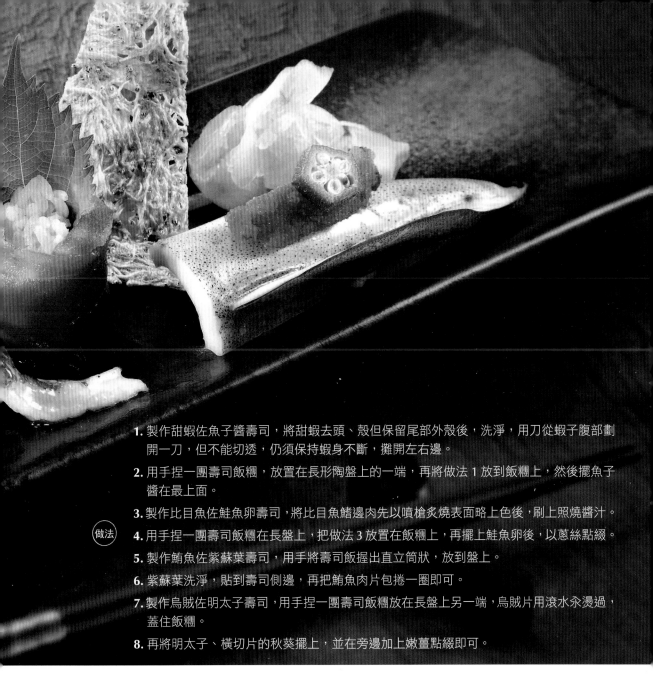

做法

1. 製作甜蝦佐魚子醬壽司，將甜蝦去頭、殼但保留尾部外殼後，洗淨，用刀從蝦子腹部劃開一刀，但不能切透，仍須保持蝦身不斷，攤開左右邊。

2. 用手捏一團壽司飯糰，放置在長形陶盤上的一端，再將做法 1 放到飯糰上，然後擺魚子醬在最上面。

3. 製作比目魚佐鮭魚卵壽司，將比目魚鰭邊肉先以噴槍炙燒表面略上色後，刷上照燒醬汁。

4. 用手捏一團壽司飯糰在長盤上，把做法 3 放置在飯糰上，再擺上鮭魚卵後，以蔥絲點綴。

5. 製作鮪魚佐紫蘇葉壽司，用手將壽司飯握出直立筒狀，放到盤上。

6. 紫蘇葉洗淨，貼到壽司側邊，再把鮪魚肉片包捲一圈即可。

7. 製作烏賊佐明太子壽司，用手捏一團壽司飯糰放在長盤上另一端，烏賊片用滾水汆燙過，蓋住飯糰。

8. 再將明太子、橫切片的秋葵擺上，並在旁邊加上嫩薑點綴即可。

主廚小訣竅

❶ 上菜時，也可依個人喜好搭配芥末少許、醬油 1 碟，以供沾用。

❷ 在做法 3 中，如無噴槍，也可把魚肉靠近炭火或烤箱內易受熱的面向稍烤略焦，但宜隨時注意火候，以免過焦過苦而毀了美味。

❸ 這道綜合壽司盤，名為四喜，是呈現四種不同的食材及滋味，可讓味蕾感受層次分明的喜悅。甜蝦的 Q 鮮搭配魚子醬的鹹美，肉質細膩的比目魚鰭邊肉搭配飽滿腴滑的鮭魚卵，略帶香烤味、肌理緊緻的鮪魚搭配清新的紫蘇葉，有嚼感的烏賊搭配透著辛辣味的明太子，都堪稱絕配，也是日本專業壽司餐檯的五星級菜色。

鐵炮壽司

材料 透抽（烏賊）1隻、壽司飯1碗（20公克）
蟹肉棒4條、蝦卵適量

調味 芥末少許

做法

1. 去除透抽內臟，洗淨，再放入滾水中煮至熟即撈起，注意不要煮過硬。
2. 以海苔鋪底，鋪白飯，準備包壽司條。
3. 接著放一層芥末、一層蝦卵，也可依個人喜好口味再多放入蛋皮、蟹肉棒、小黃瓜等，邊捲邊搓邊輕壓，使它結實些。
4. 將做好的壽司條，整個塞入煮熟的透抽空腹裡。
5. 切塊，盛盤。

主廚小訣竅

❶ 這一道壽司的外形因為像長長的鐵炮而得名，製作壽司條時，力道很重要，壓太緊會使飯太硬，壓得太鬆則飯菜易散開、不結實，可多練習幾次，掌握住力道。

❷ 若是現撈的新鮮透抽，煮八、九分熟即可；若買冷凍貨，須煮至全熟為妥。

鮭魚起士炙燒壽司

材料 鮭魚肉塊300公克、起士片2片、壽司飯1碗（20公克）

做法

1. 將壽司飯握成小飯糰，備用。
2. 鮭魚切成薄片後，舖放到壽司飯糰上。
3. 最後在鮭魚片上舖上起士片，再用噴火槍或噴火燈燒烤。
4. 只要略將起士表皮烤成焦黃色，即可食用。

主廚小訣竅

❶ 如沒有噴火槍，也可放入預熱至120℃～160℃的烤箱，注意略烤著色即可，以免過焦過硬，影響口感。

❷ 起士片略帶鹹味而洋溢香味，因此可不必再加其他調味料。

Lesson 2

四季小鉢

爽口好開胃！

明太子山藥細麵

雪裡含梅

小缽三味組合

蓴菜水果醋

明蝦鮮蔬手捲

香魚南蠻漬

雙味小缽

在秋冬或下雨天，製作小缽時，可特別把檸檬醬汁調入菜餚，清新的口味可一掃陰霾心情。醬汁並非一成不變，天天用心變化小技巧，就有了生命的期待感，更可以結合歐風飲食文化，表現跨國界的風尚。

混合醋一類

甜 醋

材料
醋 4 大匙
水 4 大匙
砂糖 2 大匙
鹽少許

用於以蕪菁或生薑為主的蔬菜，口味清淡的魚貝類也適合。

二杯醋

材料
醋 2 大匙
日式高湯 2 大匙
醬油 4 小匙
高鮮調味料少許

用於貝類、竹筴魚、針魚、斑鰶魚之類的預先調味或醋洗。

三杯醋

材料
醋 2 大匙
日式高湯 2 大匙
醬油 2 小匙
砂糖 1 大匙
鹽 1/2 小匙

用於魚貝類、蔬菜、肉類等，使用範圍很廣泛。

土佐醋

材料
醋 2 杯
日式高湯 1/2 杯
柴魚片 1 小杯
鹽 1 小匙

調味料和高湯煮沸，加進柴魚片，過濾後冷卻。

酸橙醋醬油

材料
採取柳橙汁 1：醬油 1：煮沸的酒 1/3：味醂 1/5 的比例 可加昆布高湯適量

用於火鍋料理或薄生魚片。也可用酸桔或檸檬汁等柑橘類來製作。

芝麻醋

材料
白芝麻 2 杯
醋 4 大匙
砂糖 3 大匙
鹽適量

與蔬菜類、醋醃的魚很相配。芝麻也可以只用半量。

蘿蔔泥醋

材料
蘿蔔泥（或胡瓜泥）2 大匙
三杯醋 2 大匙

除了牡蠣、魚類、雞肉外，其他蔬菜也可以使用。

吉野醋

材料
三杯醋 8 大匙
葛粉（略用水稀釋後）1 小匙

三杯醋放進鍋裡煮，用葛粉勾芡使它成稠糊狀。

蛋黃醋

材料
醋 1/2 杯
蛋黃 2 個
砂糖 4 大匙
鹽 1 小匙

這是風味濃醇的綜合醋，應用小火慢慢煮。

製作三杯醋

(材料) 醋 2 大匙、日式高湯 2 大匙、醬油 2 小匙
砂糖 1 大匙、鹽 1/2 小匙

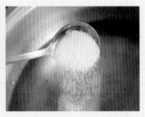

(做法)
1 倒味醂入容器內。
2 加砂糖。
3 加入其他材料一起混合均勻即可。

燒烤用調味醬

幽庵地調味醬

材料
採取淡色醬油
1：味醂 1：酒
1 的比例

魚貝類、肉類均適用，是非常方便的調味醬。也有人寫成祐庵。

柚庵地調味醬

材料
採取淡色醬油
1：味醂 1：酒
1 的比例
香柚適量

在幽庵地的材料裡加進香柚，就變成具有柚香的調味醬。

照燒調味醬

材料
濃色醬油、味醂
同量
砂糖適量

將材料煮成濃稠狀，就是具有醇味的調味醬。

綜合味噌

白玉味噌

材料
西京味噌 200 公克
蛋黃 2 ～ 3 個
酒、味醂各適量

是加入蛋黃，具有醇味的味噌。應用小火慢慢地熬煉。

白田樂味噌

材料
白味噌 400 公克
砂糖 60 公克
蛋黃 2 個
酒 60cc
高湯 160cc

加進香柚或山椒芽的話，會讓風味變得更香。

紅田樂味噌

材料
紅味噌 200 公克
白味噌 200 公克
砂糖 200 公克
蛋黃 4 個
酒 400cc

也可以用生薑或蔥混合，並加雞肉或魚肉拌勻。

調拌醬

山椒芽味噌

材料
山椒芽、綠葉色素、白玉味噌
各適量

白玉味噌和拍打過的山椒芽，加上少量的綠葉色素研磨混合成。

白醋

材料
豆腐 1/3 塊
芝麻（磨碎）1 又 1/2 小匙
砂糖 2 小匙、鹽 1/2 小匙
味醂、醋各適量

這是用白豆腐泥拌醬加醋做成的調拌醬，可用來調拌魚貝類或蔬菜。

雙味小鉢

四季小鉢 爽口好開胃！

材料 章魚腳 1 條、鮭魚卵 30 公克
小黃瓜 1/3 條、白蘿蔔 1 小塊
紫蘇葉 1 片

調味 三杯醋（做法詳見 p31）少許

做法

1. 小黃瓜洗淨後切片，鋪盤底。

2. 白蘿蔔去皮，洗淨後磨泥，備用

3. 紫蘇葉洗淨，備用。

4. 章魚腳洗淨後，切塊，放到做法 1 小黃瓜片上，淋上三杯醋。

5. 將做法 2 蘿蔔泥放到盤中，擺上鮭魚卵、紫蘇葉裝飾，也可再用食用金箔點綴。

主廚 小訣竅

❶ 不敢吃生章魚腳的人，也可以把它用熱水汆燙後再食用，而燙熟後立即放入冰水裡 3～5 分鐘，可使口感更加 Q 脆有彈性。

❷ 三杯醋用於魚貝類、蔬菜、肉類等，使用範圍很廣泛。

香魚南蠻漬

四季小缽 爽口好開胃！

材料 香魚 1 條、蔥 1 支
紅蘿蔔 1/2 條、水適量

調味 米酒 1 大匙、糖 1 大匙
醬油 1 大匙

做法

1. 把蔥洗淨，切段，紅蘿蔔洗淨後去皮、切塊，備用。

2. 將香魚洗淨，放進已預熱到 170℃的烤箱內，熱烤 15 分鐘。

3. 取出香魚後，放到冰箱內冷卻，備用。

4. 在平底鍋內加入水、醬油、米酒、糖調勻後，再放入已冷卻的香魚。

5. 一直以小火烹煮到收汁，約 30 分鐘後，盛盤。

6. 趁收汁烹煮時，將蔥段燒烤到略呈褐色，紅蘿蔔則用熱水煮熟，放入盤中裝飾。

主廚小訣竅

❶ 做法 2 中加入的水量，約剛好蓋過香魚表面即可。

❷ 一次可以多買幾條香魚，部分做這道南蠻漬，部分抹鹽後用竹籤串好，放進烤箱烤來吃，滋味很香。

明蝦鮮蔬手捲

四季小缽 爽口好開胃！

材料 明蝦 2 隻、蘆筍尖 4 支、廣東生菜葉 4 片
香鬆少許、海苔 2 片

調味 沙拉醬少許

做法

1. 可用牙籤把明蝦背部的黑色腸泥去除，用熱水煮熟後，去殼但留尾殼備用。

2. 蘆筍尖煮熟後，泡入冰水冰鎮 5 ～ 10 分鐘，使口感爽脆。

3. 將海苔對切後，依序將明蝦、蘆筍、生菜葉、香鬆、沙拉醬等食材放上去，捲成甜筒狀，即可趁鮮享用。

主廚 小訣竅

❶ 把蝦子用竹籤串起後，再用熱水燙熟，這樣才不會使蝦肉捲曲而影響了外觀。

❷ 蘆筍必須要是新鮮的，口感才會脆，做好的手捲，應立即享用，以免海苔變軟而使口感變差。

蓴菜水果醋

材料 蓴菜 5 公克、水果醋適量　　**調味** 芥末少許

做法

1. 將蓴菜倒入適合的小容器內，加入水果醋即可。
2. 可加片食用金箔裝飾，更添高貴質感。

主廚小訣竅

❶ 蓴菜葉形橢圓如同盾牌，幼嫩的莖葉背面特別會分泌較多黏液，春末夏初採摘鮮葉食用，可做洋菜凍、羹湯，味道鮮美，清熱健胃。

❷ 如買不到蘭陽溼地的鮮蓴菜，也可買罐裝的，佐以檸檬醋或梅子醋等水果醋，味道爽口。

小缽三味組合

材料 烏魚子 2 片、魚肝豆腐 1 條、筊白筍 1 條
白蘿蔔 1 條、青蒜 1 支、魚子醬少許　　**調味** 豆瓣醬少許

做法

1. 烏魚子去膜後，放入烤箱，把兩面烤至 8 分熟、略上色後取出，切片備用。
2. 青蒜、白蘿蔔洗淨後，切片備用。
3. 魚肝豆腐切成方型後，上面擺放魚子醬裝飾。
4. 筊白筍去粗殼部分，用乾淨熱水煮熟後，中間切開，填入豆瓣醬。
5. 把做法 1、2 放入小碟盤中。
6. 再在另外兩個空碟裡依序放入做法 3、4 即可。

主廚小訣竅

❶ 集合三味珍品，可依當令盛產的新鮮蔬菜、漁獲而變換，增添食趣。

❷ 魚肝豆腐可在日本料理食材店裡買到，如沒有，也可用嫩豆腐或鮟鱇魚肝來代替。

雪裡含梅

四季小缽 爽口好開胃！

材料 鮑魚 1 個、綠竹筍 1 支　　**調味** 紫蘇梅醬少許

做法

1. 綠竹筍放入冷水鍋裡，開火，待水滾，轉小火，再繼續烹煮 45 分鐘後，撈起來放入冰塊水中冰鎮 5 ～ 10 分鐘。
2. 將綠竹筍去粗殼，切成有一定厚度的方形塊狀，並在中間割開一個缺口。
3. 鮑魚煮熟後，切成薄片，並塞入做法 2 綠竹筍的缺口內，盛盤。
4. 將紫蘇梅醬淋到盤上裝飾，食用時即成沾醬。

主廚小訣竅

❶ 鮑魚可買罐頭裝的較為方便，採用本道食譜的熱煮後再冰鎮方法，可使口感脆、不老且有彈性。

❷ 紫蘇梅醬也可買現成的罐頭產品，味道酸甘去膩，殺菌解毒，可健胃、消除疲勞、促進食欲。

明太子山藥細麵

四季小缽 爽口好開胃！

材料 日本山藥 1 段（約 50 公克）、明太子 1 大湯匙、蔥 1 段
紫萵苣生菜 1 片

做法

1. 日本山藥去皮後洗淨，用菜刀切成細絲狀，再用筷子捲成圓團狀，備用。
2. 明太子去膜後，用湯匙刮取。
3. 蔥洗淨，再切其中一端成掃帚般的開花狀。
4. 將以上食材放在碗盤內，加紫萵苣生菜葉裝飾即可。

主廚小訣竅

❶ 明太子就是鱈魚的卵子，以紅辣椒粉調味，通常呈現粉紅色至深紅色，味道小辣，因製作時被一層有彈性的薄膜包圍著，所以先去膜，再用湯匙刮取所需的數量。

❷ 山藥的黏液富含醣、蛋白質，含有消化酵素，可提高人體內的消化機能，但遇溫度高熱時會喪失酵素的作用，因此建議採生食方式，可減少營養成分的流失。

Lesson 3

蒸煮料理

蒸煮好滋味！

一鍋完美的高湯可以造就美味的料理,除了要有耐心,仔細地撈淨浮沫,選擇優質的食材更是關鍵。

★柴魚高湯

份量 1 鍋

材料

昆布 1 長條
柴魚片 1 把(或 1 碗)、水 2000cc

做法

1. 在水鍋裡加入昆布,以大火煮至快沸騰時。
2. 繼續煮到水沸騰,熄火或轉微火,即成昆布高湯。
3. 待滾水穩定下來後,加進柴魚片,開火繼續煮,至沸騰後立刻轉小火,仔細撈除浮沫,再熄火。
4. 靜置約 5 秒後過濾即可。

主廚小訣竅

❶ 由於高湯會直接呈現出材料的原味,因此應使用品質良好的材料。

❷ 在做法 2 之後,可在昆布產生黏性前先取出昆布來,然後再進行做法 3,並依照指示仔細撈淨浮沫,就能做出風味十足的高湯。

蛤蜊高湯

份量 1 鍋

(黃金蜆高湯)

材料

蛤蜊 1 大碗
水約 900cc ～ 1000cc

做法

1. 蛤蜊泡水吐沙後,稍洗淨,再加水煮沸,即成高湯。
2. 仔細撈除浮沫,再熄火,靜置約 5 秒後過濾。
3. 適量蛤蜊撈出,取適量湯汁,即可用蛤蜊高湯來製作黃金蜆蒜子湯、茶碗蒸等適合的菜餚。

★豬大骨高湯

份量 1 鍋

材料

柴魚片 30 公克
豬大骨約 600 公克、水 3000cc

做法

1. 大骨先用滾熱水汆燙過,去血水,洗淨。
2. 加水,開大火煮開,把浮沫撇淨。
3. 轉成小火,加入柴魚片熬煮 90 分鐘,熄火。
4. 過濾湯汁。

主廚小訣竅 也可依個人喜好,添加昆布材料。

雞骨高湯

份量 1 鍋

材料

昆布 10 公分段
雞骨約 600 公克、水 3000cc

做法

1. 把雞骨用水洗淨,放進熱水中燙煮。
2. 清洗一次後,和水、昆布一起煮。
3. 沸騰前把昆布取出丟棄,將火轉小,仔細撈除高湯的浮沫,以免有雜質而影響了湯汁的甘醇度。
4. 繼續熬煮 40 分鐘,即可萃取出清澄的高湯。

丁香魚高湯

份量 1 鍋

材料

丁香魚（小魚乾）1 碗
水約 900cc ～ 1000cc

做法

1. 鍋裡倒入水。
2. 放進丁香魚，煮沸後轉小火再熬煮 5 ～ 10 分鐘以上，即成高湯。
3. 仔細撈除浮沫，再熄火，靜置約 5 秒後過濾。
4. 適量丁香魚撈出，取適量湯汁，即可依個人喜愛的口味，用丁香魚高湯來製作土瓶蒸等適合的菜餚。

★柴魚濃高湯

份量 1 鍋

第一次高湯材料

昆布 1 長條、柴魚片 1 把（或 1 碗）、水 2000cc

第二次高湯加料

薑片 3 片、柴魚片 1 把

做法

1. 先製作柴魚高湯，在水鍋裡加入昆布，以大火煮至快沸騰時，先取出昆布。
2. 繼續煮到水沸騰，熄火或轉微火。
3. 待滾水穩定下來後，加進柴魚片，開火煮沸後立刻轉小火，仔細撈除浮沫，再熄火。
4. 靜置約 5 秒後過濾，即成柴魚高湯。
5. 繼續製作濃高湯，可加入薑片，再加入柴魚片至夠量，開火煮沸後立刻轉小火。
6. 仔細撈除浮沫，熄火。
7. 如須再加重口味，可取濾過的高湯為底，再抓 1 把柴魚片用紗布袋紮好，放入共煮，湯汁不會混濁。
8. 最後可取 1 個檸檬削去皮，切檸檬片加進去煮，以保檸檬不苦、湯汁純淨而口味清香。

**主廚
小訣竅**
所謂柴魚濃高湯，是用第一次高湯熬煮後留下的材料所煮成的高湯，水的份量要比第一次高湯少，再添加些柴魚片來補充美味，所以又稱為第二次高湯。做法是用大火將美味引出來，撈除浮沫、過濾，用途為煮滷料理或湯料理，例如味噌湯、牛肉壽喜燒等，用途很廣。

海景茶碗蒸

蒸煮料理 蒸煮好滋味！

材料 柴魚高湯（做法詳見 p42）150cc、洗選蛋 1 個、草蝦 2 隻、香菇 1 朵
蛤蜊 1 顆、銀杏 2 粒

做法

1. 香菇切去蒂頭部分，洗淨備用。

2. 草蝦去頭，用刀劃開背部，去除黑色腸泥後洗淨備用。

3. 把蛋打入碗中，攪勻成蛋液，將蛋液與高湯混合均勻後，倒入杯中，
   放入蒸鍋，但不要蓋上鍋蓋，開大火蒸約 3 ～ 5 分鐘，見蒸蛋表面水
   分蒸乾即熄火。

4. 在蒸蛋表面放上香菇、草蝦、蛤蜊、銀杏，蓋上鍋蓋，繼續以小火蒸
   15 ～ 20 分鐘。

**主廚
小訣竅**

❶ 洗選蛋液與高湯要混合均勻，最好以細篩網過濾掉雜質，蒸出來的茶碗蒸口感
才會綿密滑嫩。

❷ 取出食用前，可再淋上 1 大匙高湯，蒸熟兩分鐘，使蒸蛋表面呈現鏡面效果。

❸ 製作蒸蛋的材料要特別講究，才能吃出綿柔口感。洗選蛋流程有經照蛋檢查、
分級包裝，外觀潔淨，蛋液絕無磺胺類或抗生素等殘留，營養、衛生且安全。

磯煮鮑魚

材料 鮑魚 1 個、白蘿蔔 300 公克
薑片少許、柴魚高湯 100cc、海帶芽 20 公克

調味 醬油 20cc、糖 10 公克

做法

1. 鮑魚洗淨後備用。

2. 將白蘿蔔去蒂去皮後，洗淨、切塊，連同薑片、海帶芽、
   醬油、糖加入柴魚高湯煮開。

3. 放入鮑魚，續煮 15 分鐘即可盛入碗。

4. 表面可加青蔥裝飾，凸顯綠意。

**主廚
小訣竅**

❶ 鮑魚可購買罐裝的現成品即可，比較方便。

❷ 蒸、燉、煮菜餚所用的醬油，可選用口味、顏色都較淡的淡口醬油，主要以米和大麥釀造而成，口味和顏色較淡，用量夠就好。也可在做法 2 加糖、柴魚高湯之後，再逐量加醬油調勻，並試味道，以免太鹹。

❸ 日文中，磯煮的意思是用醬汁加上海苔慢火去炊煮東西，不要煮太久，避免口感變老。

山藥牛奶蒸

（材料）甜豆莢 1 個、紅蘿蔔 1 片、魚板 1 片、銀杏（白果）1 粒
牛奶 50cc、蛋白 8 公克、日本山藥 25 公克、香菜根 30 公克
雞骨高湯（做法詳見 p42）100cc

（調味）鹽少許

（做法）

1. 紅蘿蔔切片，可稍切成花片狀，洗淨備用。

2. 加上一層勾芡湯汁，把甜豆、紅蘿蔔花、魚板及白果汆燙後備用。

3. 山藥去皮後，磨成泥，加入牛奶、蛋白、鹽打勻。

4. 裝入碗後，放入蒸鍋，不蓋鍋蓋，開大火蒸 15 分鐘後取出。

5. 在碗的表面放上做法 2 已汆燙好的食材。

6. 香菜根去蒂後，放入果菜機內打汁，加入高湯烹煮後，略加太白粉勾芡。

7. 淋到做法 5 上面即可。

**主 廚
小訣竅**

❶ 在做法 4 大火蒸了後，能使蒸物定型。

❷ 蒸物起鍋後，依做法 6 在蒸物表面淋上一層勾芡湯汁，不僅可增加料理翠綠色的美觀感，也具有保溫的效果。

❸ 未用到的蛋黃，也可蒸煮熟，擺在表面當做裝飾，或用來製作其他菜餚。

枸杞白果娃娃菜

材料
娃娃菜 1 棵、枸杞少許
銀杏（白果）4 粒、太白粉少許

調味
蠔油 1 大湯匙
雞骨高湯 1 小碗

做法

1. 娃娃菜切去蒂，剝開，洗淨，汆燙後，盛盤備用。

2. 白果切片備用。

3. 枸杞加米酒泡軟，備用。

4. 娃娃菜用熱水煮至滾沸，盛盤，備用。

5. 另起鍋燒點水，放入做法 3 泡軟的枸杞，再加做法 2 白果片和蠔油、高湯，攪勻。

6. 加入少許太白粉水勾芡。

7. 把做法 6 勾芡醬汁淋上娃娃菜即可。

主廚小訣竅

❶ 娃娃菜很嫩，用滾燙的水一燙好就取出，以免口感變老。

❷ 娃娃菜是雲南的特產，現在台灣也有種植，外觀像是迷你版的大白菜，最甘甜爽口的季節是十一月至次年二月，如果買不到娃娃菜，可退而求其次，用最嫩的小白菜來代替。

牛肉有馬煮

（材料）
牛肉 100 公克、白蘿蔔 2 塊
山蘇 3 片、蔥段 2 段、花椒粒少許
白芝麻少許

（調味）
醬油少許
味醂少許

（做法）

1. 牛肉切塊備用。

2. 山蘇去粗硬的部分，洗淨，汆燙後備用。

3. 白蘿蔔塊削去皮，洗淨備用。

4. 蔥洗淨備用。

5. 將牛肉、白蘿蔔塊放入鍋中，加入水、醬油、味醂及花椒粒煮開，煮至湯汁收乾。

6. 撒上白芝麻，再放上山蘇、蔥段裝飾即可。

主廚 小訣竅

❶ 選購牛腱心或肩胛、肋脊等部位牛肉都適合燉、滷，嫩中帶 Q，鮮美多汁，口感佳。

❷ 建議使用淡口醬油，不使用七味粉等重口味的調味料，才不會掩蓋了牛肉的鮮甜口感。

❸ 有馬煮一般是使用山椒或花椒，將魚貝肉類用糖、醬油及味醂熬煮成口味較濃郁的小菜、前菜的意思。

煮魚下巴

材料
紅魽魚下巴 80 公克、紅蘿蔔小半條
香菇 1 朵、青花椰菜 1 朵
牛蒡 1 支、水 2000cc

調味
醬油 200 cc、米酒 100cc
麥芽糖 60 公克、糖少許

做法

1. 魚下巴汆燙過，刮除魚鱗，稍洗淨，備用。

2. 紅蘿蔔去蒂頭，切段後切片，將牛蒡去皮後切段，備用。

3. 青花椰菜洗淨，汆燙後備用。

4. 在鍋裡倒入米酒，開火，加入水、麥芽糖，再加醬油，把做法 1 魚下巴等所有食材下鍋，並加糖煮。

5. 接著放入做法 2 牛蒡、紅蘿蔔、香菇，前後共煮 45 分鐘至湯汁收乾時盛盤。

6. 再放入青花椰菜、紅蘿蔔片裝飾即可。

主廚小訣竅

❶ 煮魚下巴，在日文原文裡是魚下巴焚燒，意思是燜煮得很透亮而香氣逼人的意思。

❷ 煮魚下巴，吃的就是鰓邊肉的細嫩鮮美，紅魽魚是最頂級的食材，口感清甜鮮脆而不腥，紅魽肚切成生魚片很受喜愛，此外，這道煮物也可用肥美柔甘的青魽魚（鰤魚）來做。

明蝦酒蒸

(材料) 明蝦 1 隻、昆布 1 片、珍珠菇 1 把、豆腐 1 塊
酒汁（日本清酒 30cc、味醂 5cc）35cc、薑片 1 片
青花椰菜 1 支、紅蘿蔔小半條、魚板 1 片

(調味) 鹽少許

(做法)

1. 紅蘿蔔切片，可稍切成花片狀，洗淨備用。
2. 明蝦去頭，用刀劃開背部，去除黑色腸泥後洗淨備用。
3. 香菇、青花椰菜都汆燙過，備用。
4. 將昆布墊入碗底，放入豆腐、明蝦、珍珠菇、魚板、薑片、酒汁及鹽。
5. 移入蒸籠，蓋上蓋子，開大火蒸 5 分鐘後，盛盤。
6. 最後放上青花椰菜、紅蘿蔔花片即可。

**主廚
小訣竅**

❶ 明蝦蝦身是直的，條紋一粗一細，肉質肥美 Q 滑，比草蝦、斑節蝦要高檔，可在海鮮市場裡買得到。

❷ 酒汁使用日本清酒為底，滋味上比較清香。

鮮蝦丸南瓜煮

材料 草蝦仁 75 公克、南瓜 100 公克、荸薺 25 公克
牛奶 50cc、生香菇 1 朵、蘆筍尖 2 支
昆布高湯（做法詳見 p42 柴魚高湯中）100cc
海苔絲少許

調味 鹽少許

做法

1. 荸薺、香菇洗淨，切成細丁，備用。
2. 蝦仁搗打成泥後，加入荸薺丁、香菇丁拌勻，稍加鹽調味，捏成丸子狀。
3. 把鮮蝦丸裝入碗，放入蒸籠內，蓋上蓋子，開大火蒸 15 分鐘後，盛入碗備用。
4. 南瓜去皮後，把瓜肉放入果菜汁機內打成汁，再加入高湯、牛奶一起煮滾。
5. 將做法 4 淋在做法 3 蝦仁球上。
6. 將洗淨的蘆筍尖及海苔絲放上點綴即可。

主廚小訣竅

❶ 可買剝好的草蝦仁，比較方便。

❷ 牛奶應使用鮮奶，如果是冰藏的，可取適量，先放在室溫下稍微回溫再用，較快煮滾。

Lesson 4

炸物

香酥好口感！

柴魚湯佐炸豆腐

香酥牛蒡海苔捲

蘿蔓麵線帝王蟹

蜜桃千層鰻

酥炸豬排

香酥軟殼蟹

杏片明蝦揚

野菜天婦羅

天婦羅醬汁

基本的天婦羅醬汁是用日式柴魚高湯 4～5：味醂 1：淡色醬油 1 的
比例混合，再加柴魚片做成的。訣竅是不可煮得過度以免有股腥味。
薄衣油炸用綜合醬汁；烹調時和炸豆腐則使用炸衣（脆皮）醬汁。

用料比例如下
綜合醬汁：味醂 1：淡色醬油 1：高湯 5　再加適量柴魚片
脆皮醬汁：味醂 1：淡色醬油 1：高湯 4　再加適量柴魚片

（材料）柴魚高湯（做法詳見 p42）40cc、味醂 10cc（可量 1 杯）
淡口醬油 10cc（可量 1 杯）

（做法）
1. 準備好柴魚高湯。
2. 取味醂，放入鍋。
3. 加入醬油。
4. 再加柴魚高湯，開火煮滾，熄火，即成天婦羅沾醬。
5. 食用時可加蘿蔔泥及蔥花、七味粉。

主 廚
小訣竅

❶ 製作天婦羅沾醬，在食材準備上，柴魚高湯、味醂、醬油的份量比例是 5:1:1。
使用淡口醬油來製作天婦羅沾醬，比較不會過鹹。

❷ 素鹽是用鹽和高纖調味料混合做成的美味鹽，能襯托出油炸料理的鮮美滋味，
吃起來不油膩又很爽口。鹽要使用味道醇厚的天然粗鹽，把多餘的水分炒乾，
這樣處理的鹽比較容易附著在油炸食材上，在材料裡也可以再加入黑芝麻或磨
細的茶粉，依個人的喜好做成香鹽。

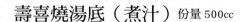

壽喜燒湯底（煮汁）份量 500cc

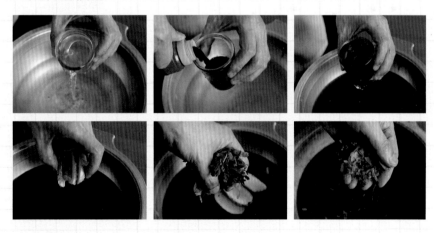

（材料） 柴魚濃高湯（做法詳見 p43）5 杯、日本清酒 1 杯
味醂 1/2 杯、濃口醬油 1 杯、砂糖 3 大匙
老薑片 3 片

（做法）
1. 倒日本清酒入鍋，加砂糖。

2. 加入濃口醬油。

3. 加入味醂。

4. 加入老薑片。

5. 加入第一次柴魚片，再加第二次柴魚片使份量加重變濃，也可直接加
   入柴魚濃高湯。

主廚
小訣竅　　一般可不必加老薑，但加入老薑能使滋味更道地、更辛香。

野菜天婦羅

炸物 香酥好口感！

材料
茄子小半條、蘆筍 2 支、海苔片 3 小片、生香菇 2 朵、紅彩椒 1/4 個
黃彩椒 1/4 個、金針菇 1 小把、青椒 1/4 個、地瓜 2 片、芋頭 2 片
低筋麵粉 35 公克、蛋黃 1 個、沙拉油適量

沾料
蘿蔔泥少許、天婦羅沾醬（做法見 p58）適量

做法

1. 將蘆筍汆燙後，切段，用海苔包捲成圓狀，備用。
2. 茄子去尾端後切段，對切後稍切成扇狀，泡水備用，以預防變色。
3. 香菇去除根部，地瓜、芋頭削去皮，切片；紅彩椒、黃彩椒與青椒切成片狀，都洗淨備用。
4. 蛋黃加入同量冷水拌勻，再加進麵粉，迅速攪拌成天婦羅麵衣。
5. 紅彩椒、黃彩椒、青椒除外，把其他所有食材各自沾裹麵衣後，放入 180℃ 的高溫油鍋內迅速酥炸，待炸至金黃色後撈起，濾乾油分，即可盛盤，趁熱食用。
6. 將天婦羅沾醬加入蘿蔔泥，以供天婦羅沾用。

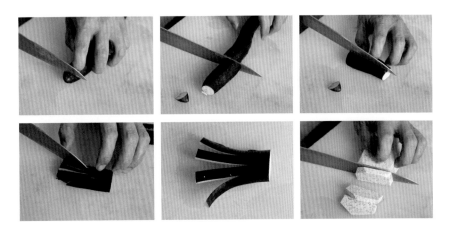

主廚小訣竅

❶ 在做法 4 中，蛋黃加入冷水，可使麵衣不至於太濃稠厚重，才能吃到蔬菜的甘甜鮮美。

❷ 日式麵衣大多是如同做法 4 的天婦羅麵衣，麵衣裡可另加入少許沙拉油，作用是可增加炸物的酥脆度。

❸ 日式的炸物，建議用 180℃的高溫迅速炸好，應將食材少量慢慢地放進大量的油裡去炸，要訣是保持一定的油溫，就能炸出香酥可口又穩定的成品。

炸物 香酥好口感！

杏片明蝦揚

（材料）明蝦 1 隻、生杏仁片少許、茄子 1/2 條、蛋 1 個
低筋麵粉 20 公克、蛋黃 1 個、沙拉油適量

（調味）胡椒鹽少許

（做法）
1. 蛋黃加入同量冷水拌勻，即成蛋液。
2. 明蝦去頭、殼，直直分切蝦身但不切斷，再稍橫切，備用。
3. 沾胡椒鹽，放置 5 分鐘，使其入味。
4. 蛋液加麵粉攪拌均勻，裹上蝦身，再沾滿生杏仁片。
5. 入鍋以 180℃高溫快速油炸至呈金黃色，撈起瀝乾油分。
6. 茄子對切後稍加泡水，以預防變色。
7. 將茄子也入油鍋炸熟，撈起瀝油。
8. 將做法 5、7 盛盤，加上生菜或蔬果裝飾，即可食用。

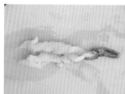

主廚
小訣竅

❶ 杏片明蝦揚就是酥炸杏仁蝦，在日文中，「揚」即是油炸法。

❷ 明蝦也可直接裹上麵衣，而一旦沾裹麵衣就要立即放入熱油中酥炸，以免口感變差。

❸ 如想變換口味，也可不沾胡椒鹽，改沾七味粉。

香酥軟殼蟹

炸物　香酥好口感！

材料 軟殼蟹 1 隻、紅彩椒片 1 片
黃彩椒片 1 片、沙拉油適量

麵衣 低筋麵粉 20 公克、蛋黃 1 個
冷水少許、酥炸粉 15 公克

做法

1. 軟殼蟹洗淨後，去除肺部，並以紙巾吸乾水分。
2. 把蛋黃加入同量冷水拌勻，再加進低筋麵粉，迅速攪拌成麵衣。
3. 把軟殼蟹沾裹麵衣後，再沾裹酥炸粉，放入 180℃的高溫油鍋內迅速酥炸 3 分鐘，撈起，濾乾油分，盛盤。
4. 將紅甜椒、黃甜椒條洗淨，用熱水氽燙後，擺盤裝飾即可。

主廚小訣竅

❶ 如氽燙蔬菜時，在滾水內加入少許沙拉油，會使蔬菜更為油亮好看。

❷ 這裡不把彩椒蔬菜放入油鍋裡稍炸，而採氽燙法，是為了不使整道菜嘗起來的口感過於油膩。

❸ 軟殼蟹可在魚市場內買到，連殼一起吃，富含礦物質、鈣質及甲殼素。

❹ 一般螃蟹在一生中必須蛻好幾次殼，在新殼尚未變硬前，稱為軟殼蟹，因而體型都還小隻，外殼柔軟，以秋季的軟殼蟹數量最多。

酥炸豬排

炸物 香酥好口感！

材料 里肌肉片 150 公克、麵包粉 40 公克、蛋 2 個
高麗菜 40 公克、低筋麵粉 20 公克、沙拉油適量

調味 胡椒鹽少許

做法

1. 將高麗菜洗淨，切絲，先泡在冰水內，10 分鐘後撈起，濾乾水分，備用。
2. 里肌肉切片，使用刀背或肉鎚，捶打里肌肉片，使豬肉的纖維變鬆軟。
3. 在里肌肉上，撒上胡椒鹽，放置 5 分鐘入味。
4. 將全蛋打勻成蛋液，備用。
5. 把里肌肉片依序沾滿低筋麵粉、全蛋液、麵包粉後，放入 180℃鍋中油炸，待炸至金黃色後，撈起濾油。
6. 把高麗菜絲盛盤或墊底，再放上炸豬排即可。

 主廚小訣竅

❶ 日式炸豬排講究的是酥脆的口感，因此依照食譜配方、步驟操作，非常重要。

❷ 如果自製麵包粉，可揉碎乾吐司，粗、細口感及風味都不同，比麵包粉的口味更鮮香。

蜜桃千層鰻

材料
蒲燒鰻 1 尾、芋頭 1/2 個、水蜜桃罐頭 1 罐、海苔片 1 片
低筋麵粉 20 公克、蛋 1 個、沙拉油適量

做法

1. 將芋頭削去皮，放入蒸鍋內，開大火蒸熟，備用。

2. 鰻魚切成同等長寬的薄片，芋頭、水蜜桃果肉也切薄片，堆疊一起。

3. 海苔切成條狀，把做法 2 繞一圈綁起來。

4. 蛋液加進麵粉，加進約 1 個蛋的同量冷水拌勻，再迅速攪拌成麵衣，備用。

5. 把做法 3 裹覆麵衣後，放入 180℃的油鍋內酥炸，待炸至表面金黃色後，撈起濾油即可。

主廚 小訣竅

❶ 一般炸天婦羅的麵衣，是蛋黃加同等冷水，再加低筋麵粉，麵衣較濃稠，炸出來的顏色金黃，這道加全蛋可讓炸物的口感清爽一些。

❷ 蒲燒鰻可在生鮮超市買到現成的冷藏品；如果是冷凍品，須放在室溫下回溫至軟化，才能製作。

❸ 在芒果盛產的季節裡，也可改用新鮮芒果果肉來製作，風味更香鮮。

蘿蔓麵線帝王蟹

材料 帝王蟹腳 1 支、細麵線 1 把、蘿蔓生菜葉 1 片
小黃瓜 1/2 條、番茄 1 片、紅色蝦卵少許
沙拉油適量

調味 沙拉醬少許

做法

1. 將帝王蟹腳燙熟後，取出蟹肉棒。
2. 用細麵線把做法 1 包裹成圓筒狀。
3. 放入燒熱至 160℃的炸鍋內，炸約 20 秒，炸至表面呈金黃色即撈起，濾油後備用。
4. 蘿蔓生菜葉洗淨後，泡入冰水內約 5 分鐘，保持鮮脆。
5. 將做法 3 放置在蘿蔓生菜葉上，擠上沙拉醬。
6. 再撒上少許紅色蝦卵點綴。
7. 小黃瓜去蒂頭，洗淨，切成細絲後，可鋪在上面做為裝飾

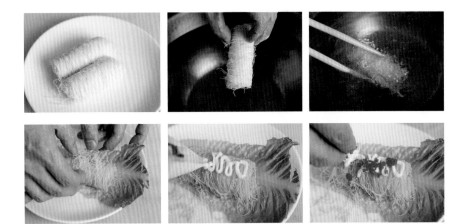

主廚小訣竅

❶ 紅色的蝦卵或魚卵在大型生鮮超市可買到，都可以讓這道菜顯得非常亮麗。

❷ 底部可墊苜蓿芽，顯得更加清爽。

❸ 食用油炸類食物時，可擠點檸檬汁一起食用，不僅可以提香，更可以消解口中殘留的油膩感

香酥牛蒡海苔捲

材料 牛蒡 1 條、海苔 1 片、酥炸粉 20 公克
黑芝麻少許、沙拉油適量

調味 細糖少許

做法

1. 將牛蒡削去皮，切片，刨或切細絲後，泡水，以避免顏色變黃。

2. 牛蒡絲撈起後濾乾水分，放入攪拌盆內，拌入細糖、黑芝麻、酥炸粉，稍微用手壓成塊狀。

3. 放入加熱至 160℃ 的油鍋內酥炸，待炸至金黃色即撈起，濾油。

4. 把做法 3 放入海苔片中，稍加包捏，一同食用，風味甚佳。

5. 喜歡黑芝麻的人，也可在炸好的牛蒡上再撒些黑芝麻做為點綴。

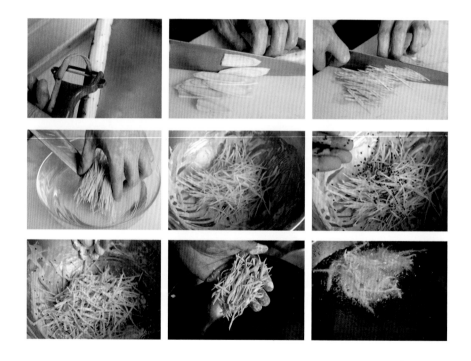

主廚小訣竅

❶ 油炸牛蒡絲時，如果牛蒡絲入鍋，呈現不動的凝固狀態，應使用長筷子把它翻轉，使兩面的受熱一致，才能表裡品質如一。

❷ 除了包捲海苔片，也可再捲上一層綠色紫蘇葉後再油炸，更能增添風味。

❸ 如有冰水或在水裡加冰塊，可把牛蒡或蔬果、生菜泡入約 5 分鐘，保持鮮脆，預防變色。

柴魚湯佐炸豆腐

炸物 香酥好口感！

材料 豆腐 1 塊、細柴魚片少許、低筋麵粉少許
蛋 1 個、沙拉油適量

調味 七味粉少許
蔥花少許

沾醬 柴魚高湯（做法詳見 p42）40cc、味醂 10cc、淡口醬油 10cc
蘿蔔 30 公克

做法

1. 先製作天婦羅沾醬（做法詳見 p58），蘿蔔去皮後磨成泥，靜置 15 分鐘，去化苦澀味。

2. 柴魚高湯、味醂、醬油一起入鍋煮滾，熄火，即成天婦羅沾醬，備用。

3. 將豆腐先切去厚皮部分，再切成大小適中的方塊，依序裹上低筋麵粉、打勻的全蛋液，最後沾上細柴魚片，裹滿。

4. 放入燒熱至 180℃的油鍋，炸至金黃色後撈起，濾油。

5. 在碗裡放入做法 2 天婦羅沾醬，再放上炸豆腐。

6. 接著放入蘿蔔磨細的蘿蔔泥，以及蔥花、七味粉，即可食用。

主廚 小訣竅

❶ 製作天婦羅沾醬，在食材準備上，柴魚高湯、味醂、醬油、蘿蔔泥的分量比例是 4 或 5：1：1：3；食用時 再加入蘿蔔泥即可。

❷ 使用淡口醬油來製作天婦羅沾醬，比較不會過鹹。

Lesson 5

燒烤料理

簡單好烹調！

京都茄田樂燒

墨魚黃金燒

油魚西京燒

圓鱈鹽燒

明蝦化妝燒

安格斯酪梨捲

牛肉奶油燒

照燒豬肋排

櫻桃鴨

京都茄田樂燒

燒烤料理 簡單好烹調！

材料 茄子 1/2 個、沙拉油適量

調味 紅田樂味噌（做法詳見 p31）

做法

1. 把紅田樂味噌材料混勻，備用。

2. 將茄子切對半，並過熱油，備用。

3. 在茄子的茄肉切面上可稍劃刀痕，比較入味。

4. 塗滿紅田樂味噌，送進預熱至 150℃的烤箱，烤約 10 分鐘。

5. 烤至表面呈現金黃、略帶燒焦色而散發出味噌的香味，即可取出食用。

6. 撒上白芝麻，趁熱食用。

主廚小訣竅

❶ 在京都、東京一帶流行使用味噌醬為食材，塗抹調味料燒烤，例如烤茄子、豆腐等燒烤物，統稱為田樂燒。

❷ 如果想變換口味，也可試試白田樂味噌。

墨魚黃金燒

燒烤料理 簡單好烹調！

材料 墨魚（烏賊）1 隻、蛋黃 2 個　　調味 胡椒鹽少許

做法

1. 蛋黃拌成蛋液。

2. 墨魚處理好後，切片條狀，撒上胡椒鹽，放進烤箱以 170℃烤 3 分鐘，烤至表面稍乾即先取出。

3. 反覆塗上蛋液後，續放入烤箱，以同樣溫度烤 3～5 分鐘，直到表面呈現金黃色為止。

4. 注意隨即移出，以免烤得過久會使墨魚口感變老變韌。

主廚小訣竅

❶ 因為塗抹蛋黃醬料，表面呈金黃色，因此美其名為黃金燒，喜歡較豐富口味的人，可加海膽 10 公克和蛋液拌成醬料，表面並可撒白芝麻。

❷ 買處理好的墨魚較方便。

❸ 如採取在炭火上燒烤墨魚的方式，至少應距離火源 25 公分，以免容易燒焦墨魚而破壞了外觀及口感。

油魚西京燒

材料 油魚 600 公克

調味 味噌 500 公克、糖 150 公克
醬油 2 大匙、米酒 150cc

做法

1. 將所有調味料攪拌均勻。
2. 再把油魚放入調味料中，醃漬 24 小時入味。
3. 取出油魚，表面洗淨。
4. 放進預熱到 150℃的烤箱，烤約 10 分鐘至表面呈金黃燒焦色即可。

主廚 小訣竅

❶ 注意冬天應延長醃漬時間，夏季則要放入冰箱冷藏以防腐壞。

❷ 烤好後可在表面刷上少許味醂，提升風味並呈現光澤感。

❸ 油魚屬帶鰆科魚類，類似圓鱈，選用活魚，肉質才會清甜。

❹ 這道也可用屬鯛魚類、肉鮮味甜的加納魚來做。

圓鱈鹽燒

燒烤料理　簡單好烹調！

圆(材料) 圓鱈 600 公克、番茄 1/6 個　　　圆(調味) 海鹽少許

圆(做法)
1. 圓鱈洗淨，撒上少許海鹽。
2. 放入預熱到 170℃的烤箱，約烤 15 分鐘後，即可取出，加番茄片裝飾後食用。

主廚
小訣竅

❶ 宜選用較細顆粒的海鹽，免得在烤箱裡融化得不勻稱，食用時還有顆粒感，影響口感。

❷ 這是道做法最簡單的家常料理，好烹調，而比油魚高級的圓鱈，味道也會顯得清爽甜潤。

❸ 如喜歡重口味，要再加點調味料，可塗抹少許清酒、味醂後再放進去烤。

明蝦化妝燒

（材料）明蝦 1 隻、蛋 1 個、青蔥 1 段
金針菇 10 公克

（調味）胡椒鹽少許、梅子醬汁少許

（做法）

1. 蝦洗淨後，劃開背部，除去腸泥，並撒上胡椒鹽，盛盤。

2. 青蔥洗淨，切細成蔥絲，備用。

3. 金針菇洗淨，備用。

4. 蛋白打發至一團白雪狀，加入青蔥絲、金針菇後，攪拌均勻，放到明蝦上方。

5. 立刻放入預熱至 150℃的烤箱，烤約 12 ～ 15 分鐘後，即可取出。

6. 淋上少許梅子醬汁，以供享用明蝦時沾食。

**主廚
小訣竅**

❶ 梅子醬汁可買現成的梅醬或紫蘇梅醬罐裝品。

❷ 喜歡鮮蔬口感的人，可把金針菇的份量加到 20 公克。

❸ 可先將明蝦的蝦腳、鬚根剪淨，且在明蝦燒烤前，先將腹部的筋切斷，以防燒烤時捲曲而影響美感。

安格斯酪梨捲

燒烤料理 簡單好烹調！

材料 酪梨 1/2 個、去骨的安格斯牛肉 200 公克
牛蒡 30 公克、綠捲鬚生菜 1 支

調味 紫蘇梅醬少許

做法

1. 牛肉切 1 公分厚的薄片，酪梨削去皮，切成長約 2 公分方邊的片狀。

2. 在牛肉片上鋪放酪梨片，捲起後，放入預熱至 150℃的烤箱內，約烤 8 ～ 10 分鐘。

3. 在烤牛肉酪梨捲的同時，牛蒡去皮，刨或切成絲狀，放入加熱至 150℃的油鍋內稍加酥炸，一炸至金黃色即撈起，濾油。

4. 牛肉酪梨捲盛盤，再放上綠捲鬚生菜、炸牛蒡絲裝飾。

5. 淋上紫蘇梅醬。

主廚小訣竅

❶ 油炸牛蒡絲時，用筷子稍加翻轉，受熱變脆熟即撈起，以免過焦過老口感不佳。

❷ 紫蘇梅醬用於日本料理，可搭烤炸、燒炒和捲裏食物類等多樣變化，滋味清爽，也有殺菌生津、消除疲勞的好處。

牛肉奶油燒

燒烤料理 簡單好烹調！

材料
紐約客牛肉 300 公克、奶油 1 大匙
洋蔥 1/2 個、菠菜 50 公克、蒜頭 3 小顆

調味
淡口醬油少許、味醂 1 大匙
米酒 1 大匙、黑胡椒粒少許

做法

1. 將蒜頭去外皮後，切片備用。
2. 洋蔥去外皮、蒂頭，切絲，加調味料炒熟備用。
3. 白菜洗淨，切段，備用。
4. 牛肉切小塊，備用。
5. 在鋁箔紙中央，塗上奶油。
6. 放上做法 3 菠菜，再擺上做法 4 牛肉塊及做法 1 蒜片。
7. 把鋁箔紙包摺起來，周邊往內摺以防湯汁外漏，包成四方包。
8. 在火爐上架設鐵網，把做法 7 擺在上方，中大火煮約 3～5 分鐘後，感覺鋁箔包內的奶油湯汁沸滾，但不燒焦，即可拿起，放到容器內，以奶油汁菠菜舖底，上放蒜片牛肉塊。
9. 再舖做法 2 炒洋蔥，撒青蔥花點綴。

主廚小訣竅

❶ 如沒有鋁箔紙，也可燒熱平底鍋內的奶油，爆香洋蔥絲，接著倒入米酒，稍加翻炒，然後倒入 1 大湯匙水，煮滾沸後，加入調味料，再放進牛肉塊翻炒至快熟，盛盤食用。

❷ 以奶油取代橄欖油或沙拉油來炒牛肉塊，香氣特別濃郁，讓人食指大動。

❸ 紐約客牛排肉，指的是牛隻前腰脊部位肉品，這裡是牛身體運動量最少的部位，肉質最嫩，像是大理石紋路般的油花分布均勻，是頂級的牛肉；亦可用菲力肉品來做。

照燒豬肋排

（材料）
豬肋排 100 公克、白芝麻少許
醃肉醬 3 大匙（或 30cc）
淡色醬油 1 大匙、味醂 1 大匙、酒 1 大匙

（調味） 照燒醬少許

（做法）
1. 先製作醃肉醬（做法詳見 p31 幽庵地調味醬），把材料混合調勻即可，備用。
2. 豬肋排拌沾醃肉醬，放置 30 分鐘入味。
3. 放入預熱至 170℃的烤箱，烤至 8 分熟後，先在豬肋排兩面塗上照燒醬，須反覆塗多次，使醬汁入味並上色。
4. 約再烤 10 分鐘後取出，盛盤，撒上白芝麻，趁熱食用。

主廚小訣竅
製作醃肉醬的酒可使用清酒或米酒，不僅肉類，也適用於秋刀魚等魚貝類的去腥提味，是非常方便的居家調味醬。

燒烤料理 簡單好烹調！

櫻桃鴨

 材料 新鮮櫻桃 150 公克、鴨胸肉 1 塊
紅酒 200cc、糖 80 公克

調味 鹽少許、胡椒粉少許

做法

1. 鴨胸用鹽、胡椒粉調味，靜置約 30 分鐘入味，備用。

2. 將已醃漬好的鴨胸送入預熱至 150℃的烤箱裡，烤約 10 分鐘，備用。

3. 在小煮鍋裡，將櫻桃加糖、紅酒，以中火煮至櫻桃變軟爛，即成為櫻桃醬汁。

4. 將烤好的鴨胸切片、盛盤，並淋上醬汁即可。

 **主廚
小訣竅**

❶ 邊煮櫻桃醬汁，要邊用筷子或木匙攪拌均勻，防止黏鍋或過焦。

❷ 如在櫻桃沒上市的季節，也可用幾粒罐裝櫻桃加上櫻桃利口酒、少許糖來攪煮
醬汁。

❸ 如想變換口味，也可把櫻桃改成蘋果或西洋梨，滋味沒那麼甜，會比較清爽。

和風煎炒料理

鮮香好下飯！

香蒜煎北海道鮮干貝

牛肉朴葉燒

金平牛蒡

薑汁豚頸肉

日式霜燒牛肉

香蒜煎北海道鮮干貝

和風煎炒料理　鮮香好下飯！

材料　北海道鮮干貝 2 個、蒜頭 6 顆、蘆筍 8 段
牛番茄 1/2 顆、橄欖油適量

調味　胡椒鹽少許

做法

1. 蘆筍切取蘆筍尖段，洗淨，汆燙過，備用。
2. 蒜頭去皮，稍用刀背打壓成片狀或切片狀，備用。
3. 燒熱平底鍋，加入橄欖油，爆香蒜片。
4. 開中火將鮮干貝煎至兩面金黃，大約 7 分熟，加入胡椒鹽調味，續煎至 9 分熟，盛盤。
5. 洗淨牛番茄，切片，連同做法 1 蘆筍尖擺盤裝飾即可。

**主廚
小訣竅**

❶ 可滴點橄欖油煎油在盤上當作裝飾；喜歡奶油的人，也可將融化的奶油點綴或佐味。

❷ 亦可用少許海鹽代替胡椒鹽，滋味清爽。

❸ 在魚市場、大型菜市場內可買到新鮮的干貝，即可用來香煎，如果在生鮮超市購買冷凍的干貝，烹調前應先解凍或放在室溫下回溫至軟，煎到快熟的時候，可用細竹籤試試是否中心部位可以穿透，如可以，隨即起鍋，以免口感變老。

牛肉朴葉燒

和風煎炒料理 鮮香好下飯！

材料 沙朗牛肉 500 公克、牛蒡 30 公克、蔥花少許
白芝麻少許、朴葉 1 張、沙拉油適量

調味 紅味噌醬 300 公克

做法

1. 將朴葉泡水備用。
2. 牛肉切成小塊，在平底鍋裡煎至 3 分熟，起鍋備用。
3. 陶板或陶盤洗淨，用紙巾擦乾，進烤箱加熱後，把朴葉放置在陶板上，備用。
4. 牛蒡去皮，刨或切成絲狀，放入加熱至 150℃的油鍋內稍加酥炸，一炸至金黃色即撈起，濾油。
5. 依序將牛肉及紅味噌放到熱陶板的朴葉上，撒上蔥花、白芝麻。
6. 擺放牛蒡絲點綴，即可享用。

主廚 小訣竅

❶ 如果沒有朴葉，也可以用乾荷葉代替。

❷ 牛肉放到有熱度的陶板、朴葉上，會有些許繼續加熱的作用，兼可保溫，不喜歡吃較生口感的人，可先煎到 5 分熟。

❸ 紅味噌醬本身帶有鹹味，因此煎牛肉不須加任何鹽巴等調味料，才能吃出牛肉的鮮美滋味。

金平牛蒡

和風煎炒料理 鮮香好下飯！

材料 牛肉條 150 公克、牛蒡 300 公克、辣椒 1 支
蔥花少許、白芝麻 1 湯匙、沙拉油適量

調味 醬油適量、味醂適量
米酒適量、香油少許

做法

1. 牛蒡去皮，切絲後泡入冰水 5 分鐘以上，以防顏色氧化變黑，備用。

2. 在平底鍋內倒入沙拉油，開火加熱，放入牛蒡絲、辣椒一起拌炒。

3. 加水約 1 杯，水量剛好淹過炒料的表面即可，烹煮至牛蒡絲微軟並收汁。

4. 再放入牛肉條一同拌炒。

5. 最後再加入醬油、味醂、米酒調味。

6. 盛盤，撒點香油，用筷子拌一下。

7. 撒上蔥花。

8. 白芝麻可略乾炒熱後再撒上點綴，即可趁熱食用。

主廚 小訣竅

❶ 到肉舖或大型生鮮超市買牛肉條，可選購現成切好的肉條，做菜時較方便。

❷ 日文中所稱的金平牛蒡，就是炒牛蒡絲，是一道家常的、簡單的和風料理，但在餐廳裡吃也不便宜，可試著在家自己做，營養豐富，滋味微甜，尤其最後撒一把炒香的芝麻，咀嚼起來滿口香氣，建議夏天時可一次多炒一些，吃不完的就放在保鮮盒裡，冷藏後風味亦佳。

Lesson 7

湯品

清淡好風味！

土瓶蒸

雞肉雜湯

黃金蜆蒜子湯

鰻魚白子蓴菜吸

松茸薑絲湯

珍珠菇赤味噌湯

珍珠菇赤味噌湯

湯品 清淡好風味！

材料 紅味噌 40 公克、嫩豆腐 1 盒（約 150 公克）
柴魚高湯（做法詳見 p42）5 杯、珍珠菇 30 公克
蔥花少許

調味 味酥少許

做法

1. 將豆腐切成小塊，珍珠菇洗淨，備用。
2. 高湯與嫩豆腐、珍珠菇一同入鍋煮熟。
3. 紅味噌先以清水化開化勻後，再倒入做法 2 湯內，與食材一同烹煮。
4. 盛入碗中，加味酥。
5. 最後撒蔥花點綴，即可享用。

主廚小訣竅

❶ 在日本料理食譜中，常會看到「赤出汁」或「赤出吸」名詞，汁、吸就是湯的意思，赤出意即紅色的湯汁，這裡使用的是很受歡迎的紅味噌湯，除了單喝外，湯底也適合煮魚頭、蛤蜊等海鮮。

❷ 可加入若芽（海帶芽）、蛤蜊同煮，讓菜料更豐富。

❸ 紅味噌如已夠味，可不必再加味酥；而紅味噌也可烤熱再加，味道更香。

松茸薑絲湯

湯品 清淡好風味！

材料　松茸 4 支、昆布高湯（做法詳見 p42 柴魚高湯中）5 杯、薑絲少許

做法

1. 松茸稍加清洗。

2. 與高湯一同煮滾。

3. 盛入碗內後，再放上少許薑絲點綴，即可享用。

主廚
小訣竅

❶ 因為高湯本身已有滋味，而養生湯類清淡為宜，所以建議不再加鹽巴等調味料，如喜歡較重的口味，可加兩、三滴味醂即可。

❷ 這道湯滋味清鮮，已有薑絲，不宜再加蔥花，以免滋味過濃。

❸ 如想讓菜料更豐富，可加菇蕈類。

鱈魚白子蓴菜吸

（材料）鱈魚白子 50 公克、蓴菜 20 公克、黃金蜆高湯（做法詳見 p42）5 杯
薑絲少許、蔥花少許

（做法）
1. 先將鱈魚白子稍用滾水汆燙至 5 分熟，備用。
2. 與蜆高湯一同入鍋煮熟後，再放入蓴菜、薑絲煮滾。
3. 最後可加味醂調味，撒上蔥花裝飾，即可食用。

主廚 小訣竅

❶ 鱈魚白子就是鱈魚精子（精巢），也有人稱為魚白，含豐富蛋白質、維他命 D 等，通常在每年十月至次年三月最肥美，可掌握時鮮之際享用。

❷ 買回的鱈魚白子，也可以挪出部分採沾醬吃法，先用沸水汆燙過，放入冰水內冰鎮，撈起濾乾水分，沾昆布桔子醋或桔子醋吃，很對味。

❸ 自製黃金蜆高湯，可加適量黃金蜆到柴魚高湯內慢火熬出鮮味即可，略撒點胡椒粉，鮮美無腥味。

黃金蜆蒜子湯

材料 黃金蜆 150 公克、蒜頭 20 粒
黃金蜆高湯（做法詳見 p42）5 杯

調味 白胡椒粉少許

做法

1. 蒜頭去外皮，放入碗內，加入少許清水入蒸鍋，開中大火蒸煮 40 分鐘，備用。
2. 將黃金蜆加入柴魚高湯一同煮熟。
3. 把做法 1 的蒜頭及蒜頭汁放入做法 2，繼續烹煮到滾。
4. 盛碗，撒白胡椒粉調味，即可食用。

主廚小訣竅

❶ 做法 2 中，黃金蜆煮到開殼即可，不必煮過頭以免蜆肉萎縮，失去肉質豐潤的飽滿感。

❷ 黃金蜆可買不必再吐沙處理的乾淨品，中等貨色即可。

❸ 除了做湯喝，也可加拉麵來吃，或做為火鍋湯底。

湯品 清淡好風味！

雞肉雜湯

材料　雞腿肉 1 支、生香菇 2 朵、紅蘿蔔 2 塊、馬鈴薯 2 塊
　　　　金針菇 10 公克、蔥絲少許
　　　　昆布高湯（做法詳見 p42 柴魚高湯中）5 杯

調味　鹽少許

做法

1. 生香菇、金針菇洗淨，紅蘿蔔塊、馬鈴薯塊都去皮後洗淨，備用。
2. 雞腿肉用熱水汆燙去血水，取出備用。
3. 把做法 1、2 食材加昆布高湯入鍋，開大火煮滾後，轉小火熬煮。
4. 加鹽調味後，將食材和湯直接盛碗，再以蔥絲點綴，即可享用。
5. 喜歡稍辣的人也可不加鹽，改在表面撒上七味粉。

主 廚 小訣竅

❶ 這是一道以雞肉為主的營養湯品，如要增加綠意，可再加高麗菜葉或龍鬚菜同煮。

❷ 昆布高湯指的是只有昆布未加柴魚的高湯，這樣喝起來的滋味更加清純，可搭配多種食材煮湯。

❸ 這道湯也可做火鍋湯底或改做烏龍湯麵來吃。

土瓶蒸

湯品 清淡好風味！

（材料）蝦 2 隻、魚板 20 公克、蛤蜊 4 粒、雞肉 100 公克
蘑菇 10 公克、松茸 10 公克、銀杏 10 公克
雞高湯或雞骨高湯（做法見 p42）2 杯

（調味）檸檬片 1 片

（做法）

1. 將蝦子剝去殼，只取蝦肉，洗淨備用。

2. 蘑菇、松茸洗淨，切厚片，銀杏洗過，均備用。

3. 蛤蜊泡水吐沙乾淨，稍加沖洗。所有材料過熱水後備用。

4. 雞肉汆燙過，備用。

5. 把以上所有材料連同魚板放入土瓶中，加入高湯，至 9 分滿高度。

6. 入蒸鍋，開大火蒸 15 分鐘，即可取出。

7. 享用時，可擠點檸檬汁至瓶內。

主廚
小訣竅

❶ 這是一道非常日式風味的迷你湯品，用材也可依個人喜好稍加變化或調整份量，例如可加入紅蘿蔔或鯛魚片。

❷ 土瓶蒸在餐具批發店內可買到，瓶蓋翻過來就是個盛湯的小圓杯，喝湯吃料，營養很豐富。

❸ 雞骨或雞肉高湯也可在超市裡買到現成的罐裝品，小量使用的話，比較方便。

Lesson 8

鍋物

湯鮮好營養！

海鮮乳酪鍋

海鮮味噌乳酪鍋

鮭魚味噌燒鍋

鯛魚豆漿鍋

龍膽石斑相撲火鍋

牛肉涮涮鍋

牛肉壽喜燒

黑輪鍋

黑輪鍋

鍋物．湯鮮好營養！

材料 蛤蜊 150 公克、青江菜 3 小棵、杏鮑菇 50 公克、蔥 1 支
牛蒡 50 公克、豆腐 1 盒、苦瓜鑲肉丸 2 顆、蝦丸 150 公克
蟹肉棒 5 條、魚板 4 片、黑輪 3 支

湯底 柴魚高湯（做法詳見 p42）適量

調味 鹽少許

做法

1. 蛤蜊泡水，吐沙乾淨，稍洗淨備用。

2. 青江菜洗淨，備用。

3. 杏鮑菇、豆腐洗淨，豆腐切適當方塊狀，備用。

4. 將蔥洗淨後切段，放進烤箱，以 150℃烤 3 ～ 4 分鐘，烤出香味但不烤焦，取出。

5. 牛蒡削去皮，洗淨，切片，用餐巾紙沾乾表面的水分，放入加熱至 150℃的油鍋內酥炸，待炸至金黃色即撈起，濾油。

6. 以上食材加苦瓜鑲肉丸、蟹肉棒、魚板、黑輪、柴魚高湯入鍋一起煮滾，改轉小火慢煮保溫。

7. 要食用時，加鹽調味即可。

主廚小訣竅

❶ 也可依個人喜愛的口味，以淡口醬油或辣醬、七味粉來調味。

❷ 如要換料或加料，常見而口味搭配的食材有白蘿蔔塊、米血、魚丸、豆皮等。

牛肉壽喜燒

鍋物 湯鮮好營養！

材料

牛蒡 50 公克、草菇 20 公克、魚板 6 片
紅蘿蔔 1 塊、生香菇 2 朵、冬粉 1 把
山茼蒿 150 公克、山東大白菜 600 公克
洋蔥 1/2 顆、蔥 1 支、牛肉片 40 公克

湯底
500cc

柴魚濃高湯（做法詳見 p43）5 杯、日本清酒 1 杯、味醂 1/2 杯
濃口醬油 1 杯、砂糖 3 大匙

做法

1. 牛蒡去皮後切絲，泡入冰水內以防氧化變黑，備用。
2. 紅蘿蔔削去皮後刨絲或切絲，備用。
3. 草菇、生香菇洗淨，備用。
4. 山茼蒿去蒂頭，洗淨，備用。
5. 山東大白菜洗淨，備用。
6. 洋蔥去蒂頭，去外皮，切絲，備用。
7. 蔥洗淨，切段，備用。
8. 製作壽喜燒湯底（做法詳見 p59），把湯汁的材料一同煮滾即成。
9. 加以上食材和冬粉一起煮開。
10. 趁熱加入牛肉片，煮熟即可趁軟嫩時食用。

主廚小訣竅

❶ 這些食材都不需長時間久煮，因此只要食材煮開，就可食用，但應注意稍加攪動底部，以免黏鍋。

❷ 在日本，壽喜燒都是搭配蛋黃一起食用的，如個人不喜歡，也可不必加。

牛肉涮涮鍋

（材料）牛番茄 1 個、洋蔥 1/2 個、玉米 1 根、草菇 30 公克
蝦仁 30 公克、蛤蜊 150 公克、山東大白菜 50 公克
蔥 1 支（約 50 公克）、豆腐 1 盒、杏鮑菇 2 支
牛肉片 100 公克

（湯底）柴魚高湯（做法詳見 p42）900 ～ 1000cc

（做法）

1. 將蔬菜食材洗淨，玉米切段，備用。

2. 牛番茄對切成 4 片，備用。

3. 蛤蜊泡水吐沙，洗淨備用。

4. 豆腐切塊狀，備用。

5. 蔥切段，入烤箱以 150℃烤 3 ～ 4 分鐘，烤出香味，但不烤焦。

6. 除了牛肉片，將其他所有食材依序擺入鍋內後，再加入高湯同煮至滾。

7. 要吃牛肉時，再用筷子或夾子放入滾湯中，涮一下，一熟即離湯，食用，以免肉質變老變硬。

主廚 小訣竅

❶ 要變換肉品和口味，可把牛肉換成松阪豬肉或羊肉、雞肉片。

❷ 可依個人喜好，適當選用醬油、蘿蔔泥、香橙醋等沾醬，提升口感。

龍膽石斑相撲火鍋

（材料） 柳松菇 30 公克、龍膽石斑肉 150 公克、蛤蜊 150 公克、草蝦 3 隻、豆腐 1 塊
孔雀貝（孔雀蛤）4 顆、蔥 1 支、茼蒿 40 公克、牛肉角 80 公克

（調味） 柴魚高湯（做法詳見 p42）900 ～ 1000cc

（做法）
1. 蛤蜊泡水，吐沙後洗淨，備用。
2. 用刀劃開草蝦背部，去腸泥，洗淨，備用。
3. 柳松菇、茼蒿、蔥洗淨，備用。
4. 蔥切段，進烤箱以 150℃烤 3 ～ 4 分鐘，烤出香味，但不烤焦。
5. 把所有食材加高湯同煮至熟，即可食用。

主廚 小訣竅

❶ 可依個人喜好使用沾醬，或在高湯內加入味噌汁。

❷ 相撲力士所吃的兩餐分別在上午排練後及傍晚，因此要吃頓豐盛的什錦大
鍋菜，使用當季當地盛產的肉類、海鮮、時蔬，湯汁鮮美，營養豐富，耐久煮，
湯底可加淡口醬油、清酒、味酥增加鹹味，使後面來吃的人也能吃得津津有
味。但較貴的牛肉、吃了會有滿口蒜臭的大蒜，一般不採用來做相撲火鍋。

鯛魚豆漿鍋

材料 鯛魚 600 公克、魚板 6 片、蛤蜊 40 公克、鴻喜菇 1 把、玉米 1 根
牛番茄 1/2 個、蔥 1 支、山茼蒿 150 公克

湯底 昆布高湯（做法詳見 p42 柴魚高湯中）450cc、原味豆漿 450cc

做法
1. 鯛魚切片，蛤蜊泡水中吐沙後，洗淨備用。
2. 山茼蒿、鴻喜菇、玉米洗淨，玉米切段，備用。
3. 牛番茄去蒂頭，洗淨，對切成 4 塊，備用；蔥切段，洗淨，備用。
4. 將所有食材一一擺入鍋中。
5. 將高湯與豆漿以 1：1 的比例加入鍋中，同煮即可

主廚 小訣竅

❶ 鯛魚也可買現成的火鍋魚肉片盒，方便使用。

❷ 牛番茄可先入鍋，久煮不糊，且滋味十分鮮甜。

❸ 日本人把現抓現煮、豪邁原味的海鮮料理稱作漁師料理，口感最鮮美，滋味最
實在，一般用於生魚片的魚肉也可適用這道鍋品。

鮭魚味噲燒鍋

材料 鮭魚 600 公克、牛番茄 1/2 個、山茼蒿 150 公克
洋蔥 1/2 個、蔥花少許、魚板 6 片、鴻喜菇 1 把
山東大白菜 600 公克、秀珍菇 4 朵、香菇 2 朵

調味 柴魚高湯 900cc
（做法詳見 p42）
味噲 70 公克
味醂 10cc

做法

1. 先將味噲以水或味醂化開後，備用。

2. 牛番茄去蒂、洗淨，對切成 4 塊，備用。

3. 洋蔥去皮、去蒂頭，切片或切絲備用。

4. 大白菜、山茼蒿、菇類洗淨備用。

5. 將所有食材依序擺入鍋中後，再加入湯底同煮即可。

6. 最後撒上蔥花食用。

**主廚
小訣竅**

❶ 可在生鮮超市買到日式味噲，方便使用。

❷ 也可使用魚頭來做這道鍋品，魚頭先炸過，改紅味噲為沙茶醬，就成了砂鍋魚頭，別有一番風味。

❸ 除了鯛魚頭，也可使用鮭魚頭、鰱魚頭來做湯鍋。

海鮮味噌乳酪鍋

鍋物　湯鮮好營養！

材料　孔雀蛤 4 顆、鯛魚肉片 150 公克、花枝 80 公克、大白菜 50 公克、蔥 1 支
豆腐 1 塊、金針菇 1 小把、香菇 1 朵、秀珍菇少許、柳松菇少許
青花椰菜 1 小支、魚板 2 片

湯底　乳酪高湯 900cc（乳酪、鮮奶約採 1：1 比例，各 450 公克煮成）、味噌 80 公克

做法
1. 豆腐稍沖洗，切大方塊，備用。
2. 孔雀蛤洗淨備用。
3. 花枝切片，洗淨備用。
4. 大白菜、青花椰菜、菇類洗淨備用。
5. 蔥洗淨，切段備用。
6. 所有食材一一放入鍋中後，再加入高湯同煮至滾，即可食用。

主廚 小訣竅
❶ 魚肉可以最後再放，以免煮得太爛，也可以用鱸魚肉來替換。
❷ 可把一般日式味噌升級，改成白玉味噌，即西京味噌 200 公克加蛋黃 2～3 個、清酒適量、味醂適量，以小火慢慢地熬煉而成，顏色溫潤，口感十分香醇。

海鮮乳酪鍋

鍋物．湯鮮好營養！

材料 草蝦 2 隻、蛤蜊 4 個、孔雀蛤 2 顆、鯛魚肉 150 公克、花枝 80 公克
大白菜 100 公克、蔥 1 支、豆腐 1 塊、金針菇 1 小把

湯底 乳酪高湯 900 ～ 1000cc（乳酪、鮮奶約採 1：1 比例，各 500 公克煮成）

做法

1. 蛤蜊泡水，吐沙後洗淨，備用。
2. 用刀劃開草蝦背部，去腸泥，洗淨，備用。
3. 孔雀蛤洗淨備用。
4. 花枝切片，洗淨備用。
5. 大白菜、金針菇洗淨備用。
6. 蔥洗淨，切段備用。
7. 所有食材一一放入鍋中後，再加入高湯同煮至滾，即可食用。
8. 也可加魚板，更凸顯日式風味。

主廚小訣竅

❶ 除了使用日本北海道乳酪，用來製作乳酪（起士）鍋的牛乳硬質乳酪，可選購法國愛曼達 Emmental 乳酪，切成薄片或刨磨成起士粉屑狀，直接煮融，也可和葛瑞爾乳酪混合後使用，風味十足；此外，調味高達乳酪 SPICE GOUDA 半硬質乳酪，因加工時加入丁香、小茴香等天然香料，整個起士除了奶香以外，還混合著香草植物的芳香，散發出迷人的風味。

❷ 如要增加吃火鍋的飽足感，建議可加馬鈴薯一起食用，風味甚佳，洋溢跨國界美食風。

飯麵料理

口口好滿足！

鮭魚鬆茶泡飯

牛丼

豬排丼飯

親子丼

親子鮭魚蒸飯

蛋包飯

納豆蓋飯

日式炒烏龍麵

叉燒醬油拉麵

豚骨濃湯拉麵

地獄拉麵

日式豬腳麵線

日式蕎麥涼麵

鍋燒麵

日式牛肉麵

做出好吃的蒸飯

可加一丁點鹽，放入電鍋裡或蒸鍋裡蒸飯，就能蒸出既 Q 又香軟的可口飯食。

想要米粒口感更鬆軟一些的人，可把米先泡過，或加水量稍多再蒸，電鍋跳起時不要立刻就掀鍋蓋盛飯吃，而是續燜 10 分鐘後以飯匙稍攪翻動再蓋好燜個 5 分鐘，一定就能吃到口感柔潤的飯了。

過夜的飯可加入少許米酒，那麼蒸出來的飯會跟剛煮好的飯一樣好吃，盛了飯，上面擺上其他熟料或煮滷好的配料，也能吃得香噴噴；善用冰箱現有的材料來做蛋包飯、蒸飯，又是豐富的一餐。

認識茶泡飯（茶汁飯）：

茶泡飯，又稱茶汁飯，指的是日式煎茶沖飯，煎茶和一般中國、台灣綠茶不同，在性質上雖然也屬不發酵的綠茶，但在製作上採用的是以蒸氣蒸煮的蒸菁技術，而非乾炒的炒菁技術，所以在氣味色形上顯得清香青綠些。

茶泡飯主要產地在日本福岡等地，顧名思義就是用茶汁去泡飯，由於日本種綠茶，做成煎茶、抹茶，所以通常用綠茶的茶汁來入飯，日本稀飯是用柴魚高湯來代替水，和米一起煮，然而茶汁飯卻是在飯上淋上熱騰騰的茶汁或高湯。

最簡單的茶泡飯是在白飯上撒放海苔、梅子或鮭魚等配料，再淋上剛泡好的日本煎茶即可。在日本，上班族常在應酬結束回家後吃一碗茶泡飯醒酒，因而茶泡飯往往被認為是男性吃的飯食，就像份量較多的牛丼一般。

除了以雞肉、蛋與海帶芽為主食材口味的茶泡飯，還可以先切生魚片，擺在飯上一沖就趁著肉嫩湯暖進食。在台灣，有種流行的茶泡飯吃法是把摻有短麵條的拉麵高湯加在飯上，飯、麵、湯一應俱全，讓人吃得很滿足，而茶泡飯可以依個人喜好添加材料如秋葵、牛蒡、蔥段在上面，更是青翠又健康。

拉麵的故事

日本拉麵源於中國，最早關於中國麵條的記載是明朝遺臣朱舜水流亡到日本後，用麵條來款待日本江戶時代的大名——水戶藩藩主德川光圀，此後即在日本演變成為代表性的大眾麵食，寫法通常為「拉 」，日本拉麵是切製而非拉製而成，使用蕎麥製作的麵條則稱為蕎麥麵。

最普遍的拉麵是加上日式叉燒、筍子的醬油口味，口味越來越多樣化之後，有加上豬骨（豚骨）或雞肉、蔬菜、小魚乾等熬煮的湯頭，大多都會再搭配日式叉燒、筍子、蔥花等配料。

拉麵是深入日本各地的普遍食物，湯底的常見原料包括：雞肉、豬骨、牛骨、柴魚乾（鰹魚）、青花魚乾、小魚乾、海帶、炒黃豆、香菇、洋蔥、蔥等等。拉麵湯通常需要連續燉煮數小時甚至數天。

湯底的口味一般可分為醬油味、豬骨（豚骨）味、鹽味、味噌味。此外，也有像擔擔麵一般使用唐辛子辣椒調味的辣味和芝麻口味的湯底，甚至也有咖哩口味。

豚骨味最早發源自九州，使用豬骨長期熬燉出白色的濃湯，也可加醬油成為「豚骨醬油味」。

鹽味麵湯清澈，源於大正時期的北海道函館，因此又被稱為「函館拉麵」，和其他風味相比，更能突出湯底材料本身的味道。

味噌味使用雞肉熬製湯底，再以日本傳統的味噌醬調味。

納豆蓋飯

材料 白飯 150 公克、納豆 20 公克
蛋黃 1 顆、蔥 1 小段

調味 醬油少許、味醂少許
黃芥末少許

做法

1. 黃芥末、醬油、味醂加入納豆一起拌勻，備用。
2. 蔥切成蔥絲，備用。
3. 白飯盛入碗內。
4. 上面淋上做法 1 已調味好的納豆醬料。
5. 最後放上生蛋黃、蔥絲，即可食用。
6. 可撒海苔絲裝飾。

**主廚
小訣竅**

❶ 日本傳統納豆是用稻草把蒸熟的黃豆包裹起來發酵而成，因有特殊的味道，有些人不敢食用。一般食用方式是把納豆加上淡口醬油、黃芥末攪拌到拉絲，做成此道納豆飯來吃，上面還可添加醃漬蘿蔔、柴魚片、芝麻香鬆等。

❷ 綠、黃芥末來自不同的植物，日式料理中最常見的綠芥末（山葵），適合小量放在壽司或生魚片、豆腐、蕎麥麵上，先把食物蘸上醬油後，才加上山葵入口，可以殺菌、提味；黃芥末（芥菜葉、芥菜子）則口感柔和，與醬油搭配，可拌生菜沙拉、做火鍋調味料、拌豆腐吃。

蛋包飯

飯麵料理 口口好滿足！

材料 白飯 200 公克、雞蛋 2 個、洋蔥 1 個
豬肉 50 公克、蔥碎少許、沙拉油適量

調味 番茄醬 300 公克

做法

1. 把雞蛋在碗裡打勻成蛋液後，用平底鍋內的沙拉油煎熟蛋皮，取出備用。

2. 洋蔥去皮、去蒂頭，切絲再切丁，豬肉切丁，都放入做法 1 鍋裡，以餘油爆香。

3. 加入白飯、番茄醬炒拌均勻成炒飯。

4. 炒飯盛入碗內，再以倒扣的方式，擺放盤上。

5. 上面蓋上煎好的蛋皮，也可稍捲包覆。

6. 在表面再淋上少許番茄醬，小朋友看了會更有食欲。

**主廚
小訣竅**

❶ 蛋皮可煎到半熟，包覆炒料還可增進溫度，又香又軟，建議最好不要煎到全熟
再起鍋，以免吃的時候口感較硬。

❷ 喜歡吃蝦子、雞肉的人，也可把豬肉改成蝦仁、雞丁，此外，還可加咖哩醬。

親子鮭魚蒸飯

飯麵料理 口口好滿足！

（材料）鮭魚卵 10 公克、鮭魚 100 公克
白飯 150 公克、小黃瓜 1/2 條、蜜漬蓮子 2 粒

（調味）飯島香鬆少許
蒜香油少許

（做法）

1. 把鮭魚放進預熱至 160℃的烤箱，約烤 15 ～ 20 分鐘至表面開始呈現褐色，烤熟後，用筷子或叉子攪散，即成香噴噴的鮭魚鬆。

2. 將調味料的香鬆、蒜香油拌入白飯內。

3. 拌好後，直接盛入容器內，放入做法 1 鮭魚鬆。

4. 送進蒸籠，蓋上蓋子，開大火蒸 10 分鐘。

5. 小黃瓜洗淨後去蒂，切片。

6. 把做法 4 蒸飯取出，再放上小黃瓜片、蜜蓮子及鮭魚卵即可。

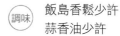

主廚
小訣竅

❶ 日文裡所謂的「親子」，是指有肉也有蛋（卵），鮭魚可選有鮭魚肚的魚肉片，吃起來最可口。

❷ 鮭魚可用鋁箔紙包起來再烤，注意要兩面烤得稍均勻一點，所以不妨翻面一次後續烤。

親子丼

飯麵料理 口口好滿足!

材料	雞蛋 2 顆、雞肉 150 公克、洋蔥 1 個	調味	鹽少許

材料：雞蛋 2 顆、雞肉 150 公克、洋蔥 1 個
山東白菜 150 公克、白飯 150 公克、蔥絲少許
魚板 2 片、香菇 1 朵、沙拉油適量

調味：鹽少許

做法：

1. 洋蔥、白菜、香菇都洗淨後切絲,雞肉、魚板切條狀,備用。

2. 取平底鍋燒熱油,將做法 1 食材爆香。

3. 加入水及調味料烹煮約 5 分鐘,水須淹過食材表面。

4. 蛋打勻成蛋液,加入做法 3,蓋上鍋蓋,續燜約 15 秒後,倒出在盛碗的白飯上。

5. 以蔥絲或綠色菜葉點綴,即可食用。

主廚 小訣竅

❶ 製作這道飯,蛋液只能依做法 4 燜至半熟以上程度,不可煎煮熟再蓋上,才能嘗到鮮嫩流動的美味口感。

❷ 這道菜類似中菜的滑蛋雞肉飯,而飯上必舖雞蛋、雞肉、洋蔥,洋蔥在爆香過程中要爆到變軟,才會香甜出汁。

豬排丼飯

飯麵料理 口口好滿足！

材料
洋蔥 1 個、山東白菜 150 公克、雞蛋 3 顆、里肌肉片 150 公克
白飯 150 公克、魚板 1 片、香菇少許、蔥花少許、低筋麵粉
麵包粉、海苔碎少許、沙拉油適量

調味
胡椒鹽少許、米酒少許
醬油少許、味醂少許、糖少許

做法

1. 里肌肉片用刀背輕拍，使肉質軟化後，撒上胡椒鹽，放置 5 分鐘後入味。

2. 取做法 1 肉片，依序沾裹低筋麵粉、打勻的 1 顆雞蛋液、麵包粉。

3. 放入 180℃的熱油鍋，炸至呈金黃色後撈起，濾油，備用。

4. 將洋蔥去皮及蒂，和白菜、香菇都洗淨，切成細絲備用。

5. 把魚板切成細絲。

6. 將做法 4、5 放入油鍋內爆香，取出。

7. 放入煮鍋，加入水及米酒、醬油、味醂、糖調味料後，約煮 5 分鐘。

8. 接著加入打勻的 2 顆蛋液，蓋上鍋蓋，燜約 15 秒後，熄火。

9. 白飯盛入碗，擺上做法 3 炸豬排。

10. 上舖做法 8 半熟蛋液等菜料。

11. 最後撒點蔥花、海苔碎點綴，即可趁熱食用。

**主廚
小訣竅**

❶ 在日文裡，丼飯指的就是以碗盛飯，如果家裡有隔夜沒吃完的飯，也可用來做丼飯或炒飯，重現熱騰騰的溫暖美味。

❷ 除了普受歡迎的豬排丼飯，海鮮類的花枝、蟹肉、干貝、魚卵、鰻魚、蝦仁等等，也可以用做丼飯。

牛丼

材料 雞蛋 1 顆、牛肉片 150 公克、洋蔥 1 個
白飯 150 公克、沙拉油少許、蔥花少許
海苔碎少許

調味 米酒少許、醬油少許
味醂少許、糖少許

做法

1. 將洋蔥去外皮、蒂頭，洗淨，切絲。

2. 洋蔥絲放入熱油鍋內爆香。

3. 再加入水及調味料，約煮 3 分鐘。

4. 放入牛肉片，在鍋內一起烹煮，牛肉可稍扯小片狀，但不要煮得過久過老。

5. 將白飯盛碗，接著放入接著放入做法 4 的洋蔥、牛肉。

6. 最後在上面打一顆生蛋黃，蓋好碗蓋，使它稍燜熱。

7. 要食用時，撒上蔥花、海苔點綴。

 **主 廚
小訣竅**

❶ 做法 2 中，如餘油過多，可以倒去部分，只留適量即可，以免整道的口感過於油膩。

❷ 如不想吃較生的蛋黃，也可仿效親子丼飯，把蛋打入做法 4，半熟即起鍋，鋪到白飯上。

❸ 製作丼飯，可善用適量柴魚高湯來加入調味料，或當成佐飯的湯品，也可把取蛋黃之後所剩的蛋白加入熱高湯裡食用，以免浪費。

❹ 秋天時，可加松茸在飯上，具有當令氣息。

鮭魚鬆茶泡飯

飯麵料理 口口好滿足！

| 材料 | 鮭魚 80 公克、白飯 150 公克
綠茶 1 大匙、蔥花少許
海苔絲少許、山葵泥少許 | 調味 | 芥末少許
飯島香鬆或日本進口的蒲島香鬆 10 公克
胡椒少許、鹽少許 |

做法

1. 將新鮮鮭魚塗抹胡椒及鹽巴，醃漬放置 1 小時入味後，以清水洗淨表面。

2. 放入預熱至 180℃的烤箱，烤約 5 ～ 10 分鐘，烤至表面上色而乾熟。

3. 取出，用筷子或湯匙壓碎，即成鮭魚鬆。

4. 碗中放入白飯、做法 3 鮭魚鬆，撒上香鬆，將芥末放在邊緣。

5. 綠茶放入茶壺，沖入滾燙水，泡約 3 ～ 5 分鐘出味，即可倒茶汁到做法 4 的白飯上。

6. 撒海苔絲、蔥花裝飾，即可食用。

主廚小訣竅

❶ 茶泡飯可使用任何現有的食材來製作，有助解決冰箱裡的剩料，也很好吃，因此是日本最普遍的平民美食。

❷ 如不用乾燥的綠茶茶葉，也可用綠茶茶包更為簡便，如想變換口味，也可改成熱沖柴魚湯。

❸ 鮭魚鬆可購買現成的罐裝品，或到魚鬆店去買新鮮製好的鮭魚鬆或旗魚鬆、鯛魚鬆，也方便省時。

日式牛肉麵

材料 拉麵 150 公克、牛腩 300 公克、青江菜 1 棵
白蘿蔔 1/6 個、紅蘿蔔塊 2 個、水 1000cc
花椒 30 公克、八角 50 公克、香菜適量、薑絲適量

調味 米酒 100cc
鹽少許
七味粉少許

做法

1. 牛腩汆燙過，去血水，備用。

2. 青江菜、香菜、老薑洗淨，薑切絲，備用。

3. 白蘿蔔、紅蘿蔔都削去皮，洗淨後各切 2 大塊，備用。

4. 做法 1 加水、花椒、八角煮滾，繼續慢火燉煮約近 2 小時，備用。

5. 加拉麵、做法 3 同煮。

6. 加入做法 2，加鹽、米酒調味。

7. 盛入大碗，加入七味粉，以香菜裝飾，即可趁熱享用。

主廚小訣竅

❶ 中式牛肉麵通常會加五香粉（一般取肉桂粉、荳蔻粉、八角、茴香、花椒以 2：1：3：2：2 的比例混和調配），日式牛肉麵則加七味粉，如果想變換口味，也可以顏色較白的豚骨高湯來煮牛肉麵。

❷ 不喜歡香菜的人，可加海苔絲或清新的百里香裝飾。

飯麵料理 口口好滿足！

鍋燒麵

材料
熟烏龍麵 150 公克、金針菇等蕈菇 150 公克
生香菇 1 朵、魚板 2 片、白蝦 1 隻、孔雀貝 1 個
蔥 10 公克、青花椰菜 2 朵、蛤蜊 2 個

調味
米酒適量（30cc）
味醂適量（30cc）
淡口醬油適量（20cc）

湯底
柴魚高湯（做法詳見 p42）

做法
1. 蛤蜊泡水，吐沙乾淨後，洗淨備用。
2. 蕈菇類、白蝦、孔雀貝、青花椰菜洗淨備用。
3. 熟烏龍麵放入鐵鍋。
4. 把所有食材排列放入。
5. 最後再注入柴魚高湯，加調味料拌勻，煮熟即可。

主廚小訣竅
❶ 如果買的是生的烏龍麵，則應先汆燙或煮熟。
❷ 在鍋燒麵裡，可以加入個人喜愛的食材如豆腐、豆皮、丸子、蟹肉棒等，有時變換口味也可以把烏龍麵換成雞絲麵、意麵，並加味噌或泡菜口味。

日式蕎麥涼麵

材料	蕎麥麵 150 公克、蔥花少許 柴魚高湯（做法詳見 p42）75cc 海苔絲少許	調味	味醂 12cc 淡口醬油 25cc 七味粉少許

做法

1. 將蕎麥麵放入水中煮熟。

2. 立即撈出，放入冰水內冰鎮 3 分鐘後，撈起盛盤。

3. 以海苔絲點綴。

4. 將柴魚高湯、味醂、醬油攪拌均勻後，即成為涼麵醬汁，可淋用或沾食。

主廚
小訣竅

❶ 蕎麥麵煮熟後放入冰水裡，可以保持它的彈性和脆感，不致過於軟爛。

❷ 蕎麥麵是用蕎麥、麵粉和水攪和成麵糰，壓平後切製的細麵條，煮熟後食用，自古由中國山西傳到日本，延續至今，成為日本人所喜愛的大眾麵食之一，日本主要產地在長野縣的信州一帶，但產量不足，也自山西進口供應。

飯麵料理 口口好滿足！

日式豬腳麵線

材料

豬腳 1000 公克、麵線 2 大把
紅蘿蔔 1 小塊、生香菇 2 朵
草菇 50 公克、魚板 5 片

滷料

蒜頭 60 公克、蔥 1 小把
辣椒適量、八角適量、花椒適量
醬油 200cc、糖 100 公克、水 1000cc

做法

1. 把蔥洗淨、切段，先將蔥段加蒜頭、辣椒、八角、花椒、醬油、糖與豬腳一同放入鍋中，滷約 3 小時入味，備用。

2. 將麵線放入熱水內煮熟後，以筷子夾捲成圓團狀，放入大碗盤中。

3. 將做法 1 已滷好的豬腳取出，放入做法 2 中。

4. 草菇、香菇、紅蘿蔔洗淨，紅蘿蔔削去皮後切花片，備用。

5. 滷汁加熱水，稀釋濃味，再放入做法 4 草菇、紅蘿蔔片、香菇煮熟。

6. 把做法 5 淋上做法 3 即可。

7. 以魚板裝飾。

主廚
小訣竅

❶ 日本人喜歡在夏天的時候享用白麵線，清爽，份量不多，容易吃完，日本製的麵線比台灣麵線細而長，稍煮後可加以冰鎮，讓它又 Q 又有彈性。

❷ 台灣手工麵線的質感和口感都勝日本麵線，也可用台灣產品來做這道麵食，最後也可再撒一點蔥花、蘿蔔泥。

地獄拉麵

材料 拉麵 200 公克、洋蔥 1/2 個、胡蘿蔔 80 公克
花椒粒適量、蘆筍尖 20 公克、燒肉 1 片
魚板 2 片、蟹肉棒 2 條、蔥花適量、海苔片 2 片

調味 辣椒粉適量、辣油適量
辣豆瓣醬 2 小匙
醬油 1 大匙

湯底 雞高湯或雞骨高湯（做法詳見 p42）3 杯、水 3 杯

做法

1. 先將拉麵以清水煮熟後，放入冰水內 5 分鐘，保持爽脆有彈性，然後撈入碗中備用。

2. 將雞高湯與水一同放入鍋中，煮滾成湯底。

3. 洋蔥、胡蘿蔔去皮後洗淨，切片，蘆筍尖洗淨。

4. 再將所有食材、調味料一起放入湯鍋內煮熟。

5. 依序將食材由鍋中撈起，放在做法 1 拉麵碗上。

6. 最後再倒入做法 4 的湯汁。

7. 放上蔥花、海苔片裝飾，即可享用。

主廚 小訣竅

❶ 因有放海苔片，所以宜趁熱食用，以免海苔片過久而變得軟韌，影響口感。

❷ 地獄拉麵的意思，是指極辣、顏色極火紅，如同地獄般誇張的程度，深受年輕人喜愛，冬天吃一碗地獄拉麵，身體很快就暖烘烘了。

豚骨濃湯拉麵

飯麵料理 口口好滿足！

材料 拉麵 200 公克、洋蔥 1/2 個、胡蘿蔔 80 公克、燒肉 2 片、魚板 2 片
蟹肉棒 2 條、筍乾 15 公克、日式煎蛋 1 塊、青花椰菜 1 朵
青蔥段適量、海苔片 2 片

調味 醬油 1 大匙　　**湯底** 雞高湯或雞骨高湯（做法詳見 p42）3 杯、水 3 杯

做法

1. 先將拉麵以清水煮熟後，放入冰水中保持爽脆彈性 5 分鐘，然後撈入碗中備用。

2. 將高湯與水一同放入鍋中，煮滾成湯底。

3. 洋蔥、胡蘿蔔去皮後洗淨，切片，青花椰菜洗淨。再將所有食材一起放入做法 2 煮熟。

4. 依序將食材由鍋中撈起，放在做法 1 拉麵上。

5. 最後再倒入做法 3 湯汁。

6. 放上蔥段、海苔片裝飾，即可食用。

主廚小訣竅

❶ 在日本料理店可以看到厚厚的日式煎蛋，俗稱「千層蛋」，其實是為了包壽司方便，使用方形煎蛋盤來煎蛋，結果蛋因四周都受熱，膨脹成厚高的方形，口感別緻。

❷ 在大型生鮮食材行，可以買到冷藏的日式煎蛋，如果自己做，注意蛋液要充分打勻，火候不可太大，等油熱了再倒入蛋液，一開始就用中小火慢慢地煎，就能做出膨鬆的厚厚蛋片了。

叉燒醬油拉麵

（材料）拉麵 200 公克、叉燒肉 5 片、玉米 1/3 根、青江菜 2 小棵
魚板 2 片、日式煎蛋 1 塊

（調味）醬油適量（2 大匙）　　（湯底）豚骨高湯（做法詳見 p42）50cc

1. 先將拉麵以清水煮熟後，放入冰水內 5 分鐘以保持爽脆彈性，再撈入碗中備用。

2. 將高湯與適量的水一同放入鍋中，煮成湯底。

（做法）3. 青江菜洗淨，玉米削片狀。

4. 做法 2 待湯底煮滾後，再將所有食材一起放入煮熟。

5. 把食材一一由鍋中撈起，放在做法 1 拉麵上。

6. 再倒入做法 4 湯汁，即可食用。也可撒上蔥花裝飾。

（主廚小訣竅）

❶ 叉燒肉片可以在日式生鮮超市買到現成的，也可用五花肉，搭配筍乾、豆芽菜更清爽有味。

❷ 自製日式叉燒肉，做法是取豬肩胛肉約 1200 公克，用棉繩綁緊後，用水煮滾，再以滷汁（水 3 杯、日式醬油 2 杯、味醂 1/2 杯、冰糖 1 塊、米酒 1 杯、蔥 2 支、蒜頭 10 粒）慢滷 3 小時出味，即可冷藏備用。

❸ 如不放日式煎蛋，也可改放俗稱貴妃蛋的糖心蛋。

日式炒烏龍麵

飯麵料理 口口好滿足！

材料 烏龍麵 150 公克、洋蔥 1/2 顆、生香菇 1 朵
白菜 100 公克、蔥 1 支（10 公克）
雞肉 20 公克、魚板 2 片
柴魚高湯（做法詳見 p42）30cc

調味 淡口醬油少許、烏醋少許
胡椒粉少許

做法

1. 烏龍麵煮熟，放冰水內保持鮮脆彈性，撈出備用。

2. 雞肉煮熟，但勿煮過久變老，撕成絲狀，備用。

3. 蔥洗淨，切段備用。

4. 洋蔥去皮、蒂頭，和香菇、白菜都洗淨，切絲，備用。

5. 魚板切絲，備用。

6. 做法 4、5 與做法 3 蔥段、做法 2 雞肉絲一同拌炒。

7. 加入高湯及做法 1 烏龍麵後，繼續烹煮至收汁，加調味料，即可食用。

**主廚
小訣竅**

❶ 烏龍麵也可以用冷水泡軟後再熱炒，口感 QQ 滑滑。

❷ 在日本非常家常的炒烏龍麵，其實很容易做，而且可以依個人喜好變化口味，除了這道雞肉炒烏龍麵以外，豬肉炒烏龍麵、牛肉炒烏龍麵、明太子炒烏龍麵、海鮮炒烏龍麵都很好吃，最後還可以再撒點柴魚片，日式風味十足。

日式食堂裡的餐桌美食

作　　　者	葉信宏	總 代 理	三友圖書有限公司	
文字執行	林麗娟	地　　　址	106台北市安和路2段213號4樓	
攝　　　影	子宇影像工作室	電　　　話	(02) 2377-4155	
		傳　　　真	(02) 2377-4355	
發 行 人	程安琪	E-mail	service@sanyau.com.tw	
總 策 劃	程顯灝	郵政劃撥	05844889 三友圖書有限公司	
總 編 輯	呂增娣			
主　　　編	徐詩淵	總 經 銷	大和書報圖書股份有限公司	
編　　　輯	吳雅芳、簡語謙	地　　　址	新北市新莊區五工五路2號	
美術主編	劉錦堂	電　　　話	(02) 8990-2588	
美術編輯	吳靖玟、劉庭安	傳　　　真	(02) 2299-7900	
行銷總監	呂增慧			
資深行銷	吳孟蓉	製　　　版	統領電子分色有限公司	
行銷企劃	羅詠馨	印　　　刷	鴻海科技印刷股份有限公司	
發 行 部	侯莉莉	初　　　版	2020年05月	
財 務 部	許麗娟、陳美齡	定　　　價	新台幣340元	
印　　　務	許丁財	I S B N	978-986-364-162-9（平裝）	
出 版 者	橘子文化事業有限公司			

◎版權所有‧翻印必究
書若有破損缺頁 請寄回本社更換

國家圖書館出版品預行編目 (CIP) 資料

日式食堂裡的餐桌美食 / 葉信宏作.
-- 初版 . -- 臺北市：橘子文化, 2020.
　面；　公分
ISBN 978-986-364-162-9(平裝)

1. 食譜 2. 日本

427.131　　　　　　　　　109005192